U0382307

该书得到教育部人文社会科学规划基金项目“基于中国居民膳食营养素推荐摄入量的粮食安全问题研究”（13YJA790062）资助

中国粮食安全问题研究

—— 基于中国居民膳食营养素推荐摄入量视角

梁姝娜 著

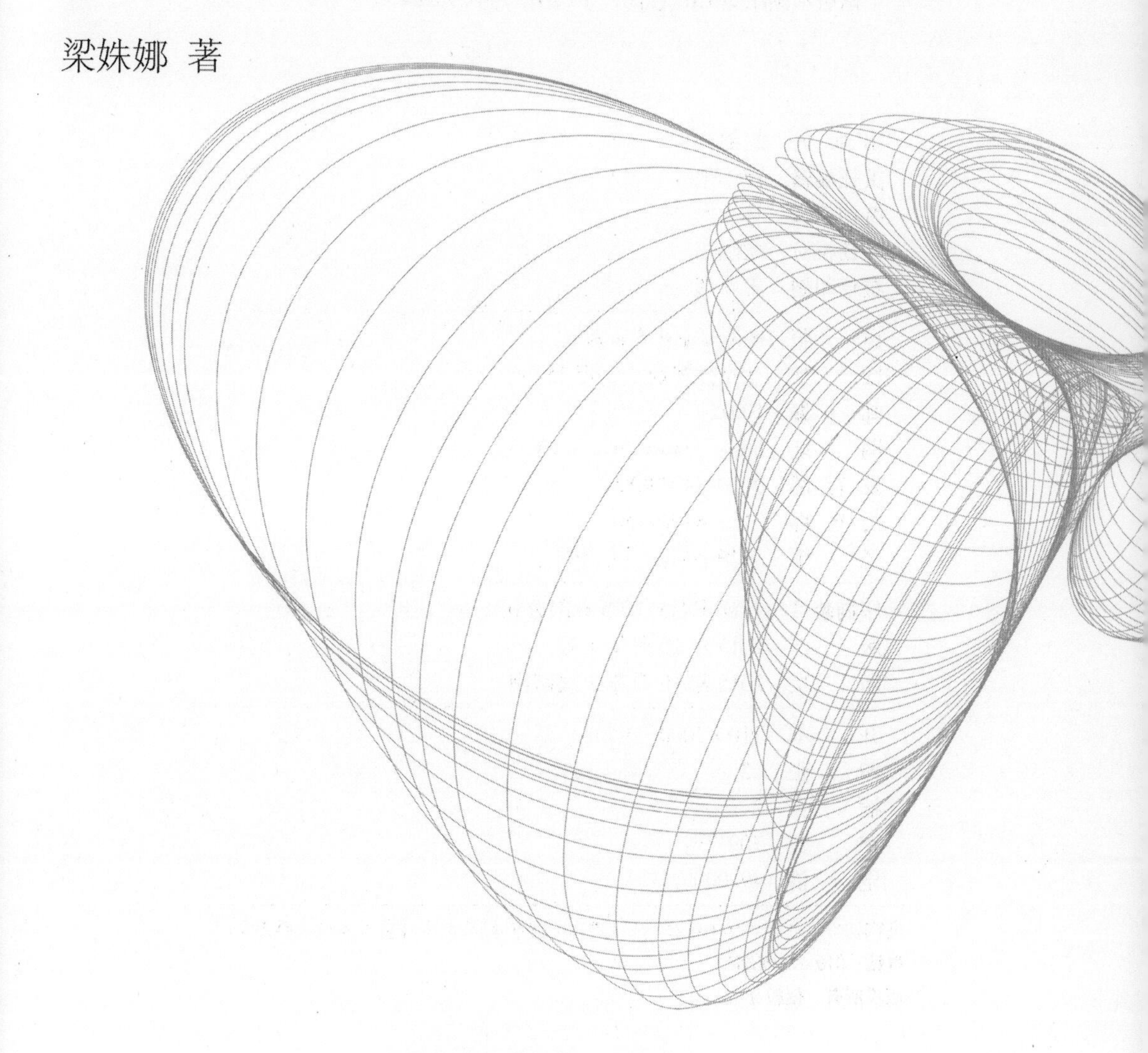

中国社会科学出版社

图书在版编目（CIP）数据

中国粮食安全问题研究：基于中国居民膳食营养素推荐摄入量视角/梁姝娜著．—北京：中国社会科学出版社，2015.10

ISBN 978 - 7 - 5161 - 7364 - 0

Ⅰ.①中… Ⅱ.①梁… Ⅲ.①食品安全—研究—中国 ②膳食营养—研究—中国 Ⅳ.①TS201.6 ②R15

中国版本图书馆 CIP 数据核字(2015)第 295984 号

出 版 人 赵剑英
责任编辑 卢小生
特约编辑 林 木
责任校对 周晓东
责任印制 王 超

出　　版 中国社会科学出版社
社　　址 北京鼓楼西大街甲 158 号
邮　　编 100720
网　　址 http：//www.csspw.cn
发 行 部 010 - 84083685
门 市 部 010 - 84029450
经　　销 新华书店及其他书店

印刷装订 三河市君旺印务有限公司
版　　次 2015 年 10 月第 1 版
印　　次 2015 年 10 月第 1 次印刷

开　　本 710 × 1000　1/16
印　　张 12
插　　页 2
字　　数 209 千字
定　　价 49.00 元

凡购买中国社会科学出版社图书，如有质量问题请与本社营销中心联系调换
电话：010 - 84083683

内容摘要

据联合国粮农组织（FAO）2015 年公布的数据，目前，世界仍有7.95 亿饥饿人口，占世界人口的10.9%。其中，中国饥饿人口1.34 亿，占中国人口的9.8%。因此，不论世界还是中国，粮食安全远未实现，有必要对粮食安全问题进行研究，以探寻实现粮食安全的路径。

研究粮食安全问题，首先要确定粮食安全的标准。根据联合国粮农组织对粮食安全的解释，粮食安全是指食用粮食的安全，包括数量安全、质量安全和“获取”安全。本书在假定粮食质量安全的前提下，研究粮食的数量安全和获取安全。

本书所运用的数据主要来源于中国国家统计局、其他国内组织和国际组织。中国人口、粮食产量、粮食播种面积、农业用水量等数据来源于国家统计局年度数据；中国居民膳食营养素推荐摄入量来源于中国营养学会编著的《中国居民膳食营养素参考摄入量》；各种粮食营养成分数据来源于中国疾病预防控制中心营养与食品安全所编著的《中国食物成分表》。中国各种用途粮食数量及各种国际数据来源于联合国粮农组织数据库（FAOSTAT）、世界银行数据库（Data/The World Bank）及标准化世界收入不平等数据库（SWIID）。

本书综合运用规范分析方法和实证分析方法开展研究。具体运用加权算术平均数法、多元线性回归法、灰色 GM 预测模型、BP 神经网络模型、Logistic 阻滞增长模型、指数平滑法等方法开展研究。

本书共分九章。第一章是导论，第二章至第八章是研究的主体部分，第九章是研究结论与展望。本书研究沿着这样的思路展开：提出问题—建立标准—依据标准进行评价—分析原因—选择模式与结构—政策建议。各章主要研究内容如下：

第一章，导论。简要地介绍研究问题提出的背景及研究的意义；重点对国内相关研究成果进行综述；界定本书研究中的“粮食”和“粮食安全”概念；介绍研究所依据的数据来源及主要研究方法；总结本书研究的创新点和不足之处。

第二章，基于中国居民膳食营养素推荐摄入量的食用粮食需要量。这是本书最核心的一章。以中国居民膳食营养素推荐摄入量为依据，确定符合营养标准的人均口粮和饲料用粮需要量，建立食用粮食安全的数量标准。

第三章，中国粮食数量安全状况评价。中国尚有1亿多饥饿人口，足以表明中国粮食“获取”的不安全。所以，本章仅对中国粮食数量安全状况进行评价，包括对粮食供给数量和供给结构的评价。

第四章，中国食物安全状况评价与分析。联合国粮农组织的“food security”指的不是粮食安全而是食物安全。粮食安全与食物安全密不可分。因此，本书对中国食物安全状况进行评价，并以四个有代表性的国家为例，分析影响食物安全的主要因素，为研究中国粮食安全问题提供参考。

第五章，中国粮食数量安全状况预测。为了解中国未来粮食数量安全状况，对中国未来人均粮食产量进行预测，并依据对世界人均粮食产量和粮食价格预测的结果，对中国未来粮食进口形势进行预测。在此基础上，对中国未来粮食数量安全状况进行预测。

第六章，中国粮食安全影响因素。从粮食生产、流通和消费三大环节入手，分析影响中国粮食安全的主要因素。

第七章，基于主权的中国粮食供给模式及来源结构选择。近年来，中国粮食净进口量持续增加，粮食自给率持续下降。那么，中国进口多少粮食适度、粮食自给率应保持怎样的水平？为解决这一问题，本章首先对粮食及粮食问题的性质进行分析，因为这决定了中国选择粮食供给模式和来源结构的原则。其次，介绍形成于20世纪90年代中期的“食物主权”运动及其思想。在此基础上，分析中国应选择何种粮食供给模式和来源结构，界定中国经济的粮食自给率底线和安全的粮食自给率底线。

第八章，政府干预以促进实现粮食安全。粮食及粮食问题的政治性质决定，政府必须干预粮食经济活动以促进实现粮食安全。本章从粮食生产、流通和消费三个方面提出促进实现粮食安全的政策建议。

第九章，研究结论与展望。总结本书研究的主要结论并展望未来粮食安全问题研究的主要方向。未来，在粮食安全问题上，对内应着重研究粮食安全的制度保障；对外应着重研究如何制定和利用国际贸易规则维护本国粮食安全。由于粮食安全与食物安全密切相关，未来还应该开展对食物安全问题的深入研究。

依据中国居民膳食营养素推荐摄入量，人均食用粮食313公斤能够满足人体营养需要，是中国粮食安全的数量标准。中国当前粮食数量安全但“获取”不安全。由于粮食生产造成巨大的财政负担和资源环境破坏，当前的粮食数量安全也不可持续。中国需要建立“确保资源安全前提下的粮食安全”观，寻求新的粮食安全路径。

关键词： 粮食安全；膳食营养；粮食自给率；食物安全

目　录

第一章 导论

一 问题的提出

2014—2016年，世界上仍有7.95亿饥饿人口①，占世界人口的10.9%。② 其中，中国饥饿人口1.34亿，占中国总人口的9.8%。③ 不论是世界还是中国，粮食安全远未实现。因此，有必要对粮食安全问题进行研究，以探寻实现粮食安全的路径。

要实现粮食安全，首先应明确多少粮食是安全的。为此，必须对粮食安全的数量标准进行研究。那么，以什么为依据确定安全的粮食数量呢？粮食最基本的功能是满足人体的营养需要。因此，本书认为，应从营养角度出发，研究多少粮食能够满足人体营养需要，能够满足人体营养需要的粮食数量就是安全的粮食数量。

本书以中国营养学会制定的"中国居民膳食营养素推荐摄入量"为依据，研究能够满足中国居民营养需要的粮食数量即安全的粮食数量，建立中国粮食安全的数量标准，并据此对中国粮食安全状况作出评价和分析，进而对实现粮食安全提出政策建议。

二 研究的意义

在理论上，本书以中国居民膳食营养素推荐摄入量为依据，建立粮食安全的数量标准，将丰富粮食安全评价理论，为准确判断中国粮食安全状况提供依据。

在实践上，本书从粮食生产、流通和消费三个环节提出促进粮食安全

---

① 在FAO每年关于世界食物不安全状况的报告中，"饥饿"与"长期营养不足"同义。"In this report the term hunger is used as being synonymous with chronic undernourishment". 资料来源：FAO ed., *The State of Food Insecurity in the World* 2014. p. 50. http://www.fao.org/3/a-i4030e.pdf。

② FAO ed., *The State of Food Insecurity in the World* 2015. p. 44. http://www.fao.org/3/a4ef2d16-70a7-460a-a9ac-2a65a533269a/i4646e.pdf.

③ Ibid., p. 46.

的政策建议，为政府采取措施实现粮食安全提供参考。

三 相关研究综述

国内外关于粮食安全的研究成果浩繁，这里仅就与本书的主题密切相关的文献进行综述。在论述过程中，也将涉及与具体问题相关的文献。

（一）国内相关研究综述

1. 关于粮食安全的数量标准

早在1985年，中国农业科学院（1985）就提出了“人均400公斤粮食必不可少”的观点。此后，人均400公斤粮食长期作为中国粮食安全的数量标准。胡靖（1998）在对2030年以前粮食供给状况进行分析时，认为人均780—850斤粮食是“粮食供给正常”情况。刘景辉等（2004）在人均粮食产量400公斤的基础上提出，“细粮生产量必须大于40%时（或人均细粮生产量超过160公斤），才能达到质量安全”。杜为公等（2014）沿用人均粮食占有量400公斤的观点，以此作为测度家庭粮食安全状况的标准。

本书认为，粮食最基本的功能是满足人体营养需要，因此应从营养角度入手研究粮食安全的数量标准。就本书所掌握的资料看，中国有三篇文献从膳食营养的角度对粮食安全的数量标准进行了开创性的研究。按照发表的时间顺序分别是：中国农业科学院骆建忠2008年5月的博士学位论文《基于营养目标的粮食消费需求研究》（以下简称“骆文”）；胡小平、郭晓慧2010年6月发表于《中国农村经济》的论文《2020年中国粮食需求结构分析及预测——基于营养标准的视角》（以下简称“胡郭文”）；唐华俊、李哲敏2012年11月发表于《中国农业科学》的论文《基于中国居民平衡膳食模式的人均粮食需求量研究》（以下简称“唐李文”）。三篇文献的共同之处在于均以《中国居民膳食指南》提出的“中国居民平衡膳食宝塔”（以下简称“宝塔”）推荐的各种食物摄入量为依据确定了人均粮食需求量，并以此为基础，测算了不同用途粮食的需求量。以“宝塔”推荐的各种食物摄入量为依据确定人均粮食需求量的不足之处在于：第一，“宝塔”推荐的摄入量适用于一般健康成年人，既没有反映未成年人的情况，也没有充分反映不同性别、不同年龄成年人对各种食物的需要量。针对这一不足，三篇文献均没有提出解决办法。第二，“宝塔”推荐的各种食物的摄入量上、下限差距比较大，如“谷物薯类及杂豆”的摄入量为250—400克，上、下限相差150克，差额为下限的60%、上限的

37.5%。较大的摄入量差距不能准确地反映居民对各种食物的需要量。针对这一不足，三篇文献均提出弥补办法。骆文和唐李文分别按照上下限及上下限的均值提出“高、低、中”三种粮食需求量方案。这种办法虽然在一定程度上弥补了推荐摄入量差距大的问题，但又产生另一个问题：在实际应用中，到底以哪一种方案为准呢？胡郭文的解决办法是“取《指南》中的各类食物消费量的平均值测算人均粮食需求，为了避免低估，再上调10%作为保险系数”。10%保险系数的选择缺乏客观依据。这三篇文献虽有不足，但开创了进行粮食安全问题研究的新视角，将引领从营养角度对粮食安全问题进行更深入的研究。

2. 关于中国粮食安全状况的评价与研究

对中国粮食安全状况的评价，从学者（曹宝明等，2007；肖国安等，2011）到政府（任正晓，2015），主流观点认为，紧平衡将是中国粮食安全的基本态势。严海蓉等（2014）在对粮食生产区域分工制度、农地制度及农资垄断等不安全的论述中，表达了中国粮食不安全的观点。

在对中国粮食安全问题的研究上，程国强的成果最丰富，观点也最具宏观性、前瞻性及可靠性。程国强观点的可靠性来源于他所做的广泛、深入的实地调研。在对中国粮食安全状况的评价上，程国强（2015a，2015b）认为，粮食增产不等于粮食安全，中国没有实现真正的粮食安全。

程国强的研究涉及粮食生产、流通和消费的各个环节。近年来，程国强（2013a，2013b，2013c，2013d）对全球农业战略的构建和实施问题进行了重点研究，主张国家通过财政、税收、金融等政策支持，鼓励国内企业参与境外农业投资与合作及全球农业治理，促进建立公平合理的国际农业投资与贸易新秩序。“实施全球农业战略要坚持两个底线：一是必须毫不动摇地坚持立足国内实现粮食基本自给的方针。二是必须坚定不移地提高统筹利用国际国内两个市场、两种资源的能力。”[①] 对于如何更好地利用境外农业资源以及日本的经验，程国强（2014）也进行了论述。2015年，面对粮食“十一连增”造成的巨大财政负担和资源环境代价，程国强（2015b）提出“中国需要新粮食安全观”——“确保资源安全前提下

① 程国强：《实施全球农业战略要坚持两个底线》，《农经》2013年第11期，第10页。

的粮食安全”。[①] 为了实现粮食安全，由程国强等参与的“我国新型农业经营体系研究”课题组（2015）在对四川崇州模式进行调研和总结的基础上，提出以“农业共营制”构建新型农业经营体系。农业共营制是实现农业可持续发展的有效途径，将促进真正粮食安全的实现。

3. 关于粮食自给率

《国家粮食安全中长期规划纲要（2008—2020年）》提出，粮食自给率要达到95%以上。学者对此有不同的观点。一种极端的观点认为，粮食是普通商品，国家需要的粮食可以从国际市场购买，不需要维持一定水平的自给率。另一种观点（顾秀林，2010）主张通过恢复小农经济的活力，把“中国的农业、农村和农民引导到一个可以自主地持续发展的境界”[②]，摆脱全球农业结构调整和国际分工，摆脱以“中心—边缘”结构和不平等为根本特征的现代世界体系。这种观点实际上在主张粮食完全自给。

在粮食进口与粮食安全的问题上，主流的观点主张可以通过适度进口粮食满足国内需要，但必须保持一定水平的粮食自给率。胡靖（1998，2000，2005）始终主张粮食自给为主，适度进口。胡靖认为，中国加入世界贸易组织后，粮食自给率会有所下降，但只要坚守“自产底线”，仍然可以实现粮食安全。“这一底线的规模是由我国的人口总量和生存与营养标准来确定的，与市场价格没有关系。”[③] 受“自产底线”思想的启发，本书界定了“经济的粮食自给率底线”和“安全的粮食自给率底线”。

（二）国外相关研究综述

关于粮食安全的数量标准，本书在ELSEVIER数据库和EBSCO数据库中以粮食安全和膳食营养为关键词，搜索1990年至今的英文文献，均未有从膳食营养角度研究粮食安全数量标准的文献。

国外对粮食安全问题研究成果最为卓著的是联合国粮农组织（FAO）。联合国粮农组织不但定期公布世界及各国与粮食相关的数据，

---

① 程国强：《中国需要新粮食安全观》，财新网，http：//opinion. caixin. com/2015 - 06 - 03/100815828. html。

② 顾秀林：《现代世界体系与中国“三农”困境》，《中国农村经济》2010年第11期，第89页。

③ 胡靖：《自产底线与有限WTO区域——中国粮食安全模式选择》，《经济科学》2000年第6期，第31页。

而且对各地区、各国的粮食安全状况进行研究，其研究成果对于准确认识世界及各国的粮食安全状况，采取积极措施消除饥饿实现粮食安全起到了无可替代的作用。

各国学者的研究主要在以下几个方面展开：研究用于粮食生产的资源，重点研究耕地资源和水资源；研究气候变化对粮食生产的影响；研究区域和国别粮食安全状况，重点研究非洲、东南亚国家；研究突发事件对粮食安全的影响；研究国际贸易对粮食安全的影响；等等。

在对中国粮食安全问题的研究中，多位学者强调了完善的、城乡统一的社会保障体系的作用。这方面的研究成果对本书研究及中国粮食安全的理论和实践具有借鉴意义。Shenggen Fan 和 Joanna Brzeska（2014）在全球背景下探讨了中国的粮食和营养安全问题。他们认为，中国通过制度改革、增加农业投入、完善社会保障体系、互惠贸易以及国际知识和技术交流，可以提升其自身及世界的粮食和营养安全水平。Kym Anderson 和 Anna Strutt（2014）探讨了中国粮食安全的政策选择问题。他们运用 GTAP 模型模拟了中国 2030 年的经济状况，建议通过完善农村基础设施和建立统一的社会保障体系实现中国粮食安全和缩小城乡差距的目标。他们的这一建议对本书具有启示意义。另外，Jamey Essex（2012）对“food – for – work（FFW）”粮食援助方式进行了深入的研究，这一研究成果对中国粮食匮乏地区政府干预粮食供给，消除饥饿具有具体的指导意义。

Ashley Chaifetz 和 Pamela Jagger 对自 20 世纪 60 年代以来关于粮食主权的对话进行了回顾，并对未来进行了展望。他们认为，粮食主权的基本原则虽然已经在一些特殊的地区和国家实施，但是，如果没有有效的方法和标准评价粮食主权的得失成败，那么，它无法引起政策制定者、学者及实施者的关注。未来，粮食主权的支持者应进行调整以使其与掌控当前世界粮食体系者相适应，而不是与之对立。Frank Asche 等研究了发展中国家和发达国家之间海产品贸易问题。他们的研究结果显示，发展中国家向发达国家出口的海产品数量接近发展中国家向发达国家进口的数量，所发生的是质量交换：发展中国家出口高质量的海产品进口低质量的海产品，发展中国家获得贵卖贱买的差额收益。有人认为，这种贸易造成发展中国家高质量食物的减少，损害了发展中国家的食物主权，因而，恶化了发展中国家的粮食安全状况。但是，他们在研究中并没有发现支持这种认识的事实。他们也没有研究发展中国家出口高质量海产品获得的高额收入的用途。他们没有对这种贸易对粮食主权和粮食安全的影响作出评价。但是，他们的研究给本书研究的一个重要启示是：国际贸易是否影响发展中国家的粮食主权和粮食安全，很大程度上取决于发展中国家如何使用贸易收益。发展中国家可以通过贸易收益维护自己的粮食主权和安全。

四　本书对“粮食”和“粮食安全”的界定

“粮食”在《现代汉语词典》中是“供食用的谷物、豆类和薯类的统称”。[①] 在国家统计局的指标解释中，“粮食产量指农业生产经营者日历年度内生产的全部粮食数量。按收获季节包括夏收粮食、早稻和秋收粮食，按作物品种包括谷物、薯类和豆类”。[②] 在本书研究中，粮食指“谷物、薯类和豆类”。

关于粮食安全，被广泛接受的定义是联合国粮农组织的解释：“所有人在任何时候都能够在物质、社会和经济上获取足够、安全和富有营养的食物，以满足其饮食需要和食物偏好，维持积极健康生活的一种状况”。[③]

实际上，粮食安全不是联合国粮农组织和其他国际组织使用的“food security”一词。在联合国粮农组织及其他国际组织的文献及统计指标中，“food”包括 crops、livestock and fish，即农作物、禽畜产品和水产品。[④] “food”是“食物”；“food security”是食物安全。粮食安全是食物安全中的一部分，当然是最基本、最重要的部分。本书区别使用“粮食安全”和“食物安全”的概念。“粮食安全”仅指“谷物、薯类和豆类”安全；“食物安全”即“food security”，指全部食物的安全。由于国际组织和中国都没有建立评价粮食安全的指标体系，所以，本书“借用”国际组织评价食物安全的指标对中国粮食安全状况进行评价。粮食是食物中最基本、最重要的部分，这种评价指标的“借用”是完全符合逻辑的。

从是否食用的角度，可以将粮食分为两大类：一类是食用粮食，包括

---

① 中国社会科学院语言研究所词典编辑室编：《现代汉语词典》，商务印书馆 1996 年版，第 789 页。

② 国家统计局统计指标解释，http：//data. stats. gov. cn/easyquery. htm？ cn = C01。

③ 原文：A situation that exists when all people，at all times，have physical，social and economic access to sufficient，safe and nutritious food that meets their dietary needs and food preferences for an active and healthy life. 资料来源：FAO ed.，*The state of food insecurity in the world* 2001. Rome，Italy：Viale delle Terme di Caracalla，2001：49。

④ 参见阅联合国粮农组织数据库 FAOSTAT；International Food Policy Research Institute 每年发布的 GLOBAL HUNGER INDEX。

直接食用的口粮和间接食用的饲料用粮；另一类是非食用粮食，包括种子用粮、加工用粮、损耗和浪费及其他用粮。从联合国粮农组织的解释上看，粮食安全是指食用粮食的安全，包括数量上足够、质量上安全和所有人都能够获取所需的粮食三个方面。粮食的质量安全问题属于质量检测的技术范畴，不在本书研究的范围内。本书假定粮食在质量上是安全的。在假定质量安全的前提下，粮食安全是指有足够的粮食供食用，并且所有人都能够获取所需的粮食。具备这两个条件，意味着实现了粮食安全。

中国有1亿多饥饿人口，饥饿人口没有获取所需的粮食。这充分表明，中国粮食“获取”不安全。本书将重点分析中国粮食数量安全状况。

五 数据来源及主要方法

本书所用的数据主要来源于中国国家统计局和国际组织。关于中国人口、粮食产量、粮食播种面积、农业用水量等数据来源于国家统计局年度数据；中国居民膳食营养素推荐摄入量来源于中国营养学会编著的《中国居民膳食营养素参考摄入量》；各种粮食营养成分数据来源于中国疾病预防控制中心营养与食品安全所编著的《中国食物成分表》。中国各种用途粮食数量及各种国际数据来源于联合国粮农组织数据库（FAOSTAT）、世界银行数据库（Data/The World Bank）及标准化世界收入不平等数据库(SWIID)。

本书综合运用规范分析方法和实证分析方法开展研究。具体运用加权算术平均数法、多元线性回归法、灰色GM预测模型、BP神经网络模型、Logistic阻滞增长模型、指数平滑法等方法开展研究。

六 创新点与不足之处

本书在两个方面有所创新：

第一，研究角度创新。本书从中国居民膳食营养素推荐摄入量的角度，研究粮食安全的数量标准，进而判断和分析中国粮食安全状况并提出促进粮食安全的政策建议。就本书所掌握的资料，尚未有其他学者从这一角度切入研究粮食安全问题。

第二，本书界定了“经济的粮食自给率底线”和“安全的粮食自给率底线”。在国家通过自身产量和净进口量实现国内粮食供给的条件下，能够实现效用最大化的粮食供给来源结构是经济上最优的，此时的粮食自给率是经济的粮食自给率底线。将政治因素考虑在内，安全的粮食自给率底线是能够实现食用粮食100%自给的粮食自给率。

本书的不足之处主要存在于两个方面：

第一，国际比较研究薄弱。本书应该对中国与其他粮食不安全国家、中国与粮食安全国家进行广泛深入的对比研究，以准确、全面地揭示中国粮食不安全的原因，并探寻实现粮食安全的路径。但是，本书没有做到这一点，国际比较研究薄弱。

第二，研究方法较简单。本书运用多元线性回归方法分析影响四个有代表性国家食物安全的因素，并且选择解释变量较少，结果可能不够准确和全面；本书运用二次指数平滑法预测世界粮食价格，结果显示未来世界粮食价格涨幅持续下降，这可能与实际偏离。研究方法较简单，可能使研究结果偏离实际，进而影响研究结论的可靠性。

第二章　基于中国居民膳食营养素推荐摄入量的食用粮食需要量

在假定粮食质量安全的前提下，以中国居民膳食营养素推荐摄入量为依据，计算符合营养标准的人均口粮和饲料用粮需要量①，建立人均口粮和饲料用粮数量安全的标准。

第一节　数据来源与研究思路和方法

一　数据来源

关于居民膳食营养素推荐摄入量的数据来源于中国营养学会编著的《中国居民膳食营养素参考摄入量》。各种粮食所含营养成分的数据来源于中国疾病预防控制中心营养与食品安全所编著的《中国食物成分表》。年人均各种口粮供给量数据来源于联合国粮农组织数据库 FAOSTAT。“按年龄和性别分人口数”和“城镇居民家庭平均每人全年购买主要商品数量”数据来源于国家统计局年度数据。各种动物性食品产量和耗粮数量数据来源于《全国农产品成本收益资料汇编》。

二　研究思路和方法

本书中所说的粮食包括谷物、薯类和豆类，谷物主要包括小麦、稻谷和玉米，薯类主要包括马铃薯、甘薯及主要作为饲料用粮的木薯，豆类②主要包括大豆和其他豆类。

---

①　本书显示的部分结果只保留小数点后两位数，但在计算过程中，为了结果的精确，本书基本使用未经四舍五入的数据。因此，用本书显示的数据进行计算，结果可能与本书最终结果略有差异。

②　因为豆类在居民口粮和饲料用粮中所占比例很小，所以，本书没有区分豆类的品种，研究中涉及的豆类的能量及营养素含量以大豆的为依据。

本书研究的总体思路和方法为：根据中国营养学会推荐的不同年龄男女居民膳食营养素摄入量及各种食物所含营养成分，分别计算出不同年龄男女居民各种口粮需要量和饲料用粮需要量；然后再根据不同年龄男女居民在总人口中的比例加权计算出人均口粮需要量和人均饲料用粮需要量。

确定人均口粮需要量的思路和方法为：在分别确定不同年龄男女居民口粮需要量的基础上，根据不同年龄男女居民在总人口中的比例加权计算出人均口粮需要量。确定不同年龄男女居民口粮需要量的思路和方法为：在中国营养学会推荐的不同年龄男女居民碳水化合物能量摄入量的基础上，根据每种口粮所含碳水化合物的数量及其在口粮总量中的比例，确定每种口粮碳水化合物提供的能量在全部口粮碳水化合物提供的能量中所占的比例，再根据这一比例确定在推荐的碳水化合物能量摄入量中来自每种口粮的能量，最后，根据来自每种口粮的能量确定不同年龄男女居民所需要的每种口粮的数量。

确定人均饲料用粮需要量的思路和方法为：在分别确定不同年龄男女居民饲料用粮需要量的基础上，根据不同年龄男女居民在总人口中的比例加权计算出人均饲料用粮需要量。确定不同年龄男女居民饲料用粮需要量的思路和方法为：

首先，从中国营养学会推荐的不同年龄男女居民膳食蛋白质摄入量中扣除由口粮提供的蛋白质，余额作为动物性食物提供的蛋白质。

其次，根据各种动物性食物消费量在动物性食物消费总量中的比例及各种动物性食物蛋白质的含量，确定各种动物性食物所含蛋白质在动物性食物所含蛋白质总量中的比例，根据这一比例确定在推荐的蛋白质摄入量中来自每种动物性食物的蛋白质数量，再根据这一数量确定能够提供这些蛋白质的动物性食物的数量。

最后，根据各种动物性食物的耗粮系数及各种饲料用粮在饲料用粮总量中的比例确定不同年龄男女居民所需要的各种饲料用粮的数量。

第二节　中国居民膳食能量摄入量

一　中国居民膳食能量推荐摄入量

中国营养学会根据不同年龄男女居民不同的体力活动强度推荐了膳食

能量摄入量，如表 2 – 1 所示。

表 2 – 1　　　　中国居民膳食能量推荐摄入量　　　　单位：MJ/d

年龄(岁)	男	女
1	4.6	4.4
2	5.02	4.81
3	5.64	5.43
4	6.06	5.85
5	6.7	6.27
6	7.1	6.7
7	7.53	7.1
8	7.94	7.53
9	8.36	7.94
10	8.8	8.36
11	10.04	9.2
14	12.13	10.04
18		
轻体力活动	10.04	8.8
中体力活动	11.3	9.62
重体力活动	13.38	11.3
50		
轻体力活动	9.62	7.94
中体力活动	10.87	8.36
重体力活动	13	9.2
60		
轻体力活动	7.94	7.53
中体力活动	9.2	8.36
70		
轻体力活动	7.94	7.1
中体力活动	8.8	7.94
80	7.94	7.1

注：一切做功，包括人体细胞内的做功都需要能量，故在国际上以焦耳（Joule，简称 J）为单位来表示。营养学上由于所用的数值大，故常以 kJ 或 MJ 作为单位计算。换算关系为：1MJ = 1000kJ = 106J。MJ/d 表示每天的能量。

资料来源：中国营养学会编著：《中国居民膳食营养素参考摄入量》，中国轻工业出版社 2012 年版，第 56—57 页。

由于缺乏关于居民体力活动强度的数据，本书对18—70岁（不包含70岁）居民以中体力活动强度为标准确定其膳食能量推荐摄入量，对70岁及以上的居民以轻体力活动强度为标准确定其膳食能量推荐摄入量。另外，由于2岁以下婴幼儿口粮数量很少，可能正因为如此，中国营养学会并未推荐2岁以下婴幼儿碳水化合物的适宜摄入量，所以，本书仅涉及了2岁及以上居民的口粮需要量问题。

二　不同年龄男女居民膳食能量推荐摄入量中来自碳水化合物的能量

“人体所需要的能量主要是来自食物中的产能营养素，包括糖类（即碳水化合物）、脂类和蛋白质。”① 其中，碳水化合物提供的能量所占比例最大。中国营养学会“根据我国膳食碳水化合物的实际摄入量，参考国外对碳水化合物的推荐量，建议除了2岁以下的婴幼儿外（<2岁），碳水化合物应提供55%—65%的膳食能量”。② 另外两种产能营养素提供的能量仅占35%—45%。因此，本研究以碳水化合物适宜摄入量为依据，首先确定人均口粮需要量，然后再确定人均饲料用粮需要量。本书以碳水化合物提供55%的膳食能量为标准。以最低值55%作为标准，是因为本书只涉及粮食提供的碳水化合物，并未涉及居民日常饮食中其他食物如蔬菜、水果等提供的碳水化合物。虽然粮食是碳水化合物的最主要来源，其他食物中所含碳水化合物的比例远低于粮食，但居民通过其他食物，仍能够获得一定数量的碳水化合物，加上从粮食中获得的碳水化合物，总的碳水化合物提供的能量在总的膳食能量中所占的比例将高于55%。所以，以碳水化合物提供55%的膳食能量为标准确定人均口粮和饲料用粮需要量是合理的。

以碳水化合物提供55%的膳食能量为标准，确定不同年龄男女居民膳食能量推荐摄入量中来自碳水化合物的能量。具体计算方法为：以各年龄男女居民膳食能量推荐摄入量数值乘以55%，结果见表2-2。

---

① 中国营养学会编著：《中国居民膳食营养素参考摄入量》，中国轻工业出版社2012年版，第21页。

② 同上书，第127页。

表2-2　不同年龄男女居民膳食能量推荐摄入量中来自碳水化合物的能量　单位：MJ/d

年龄	男	女
2	2.761	2.6455
3	3.102	2.9865
4	3.333	3.2175
5	3.685	3.4485
6	3.905	3.685
7	4.1415	3.905
8	4.367	4.1415
9	4.598	4.367
10	4.840	4.598
11	5.522	5.060
14	6.6715	5.522
18	6.215	5.291
50	5.9785	4.598
60	5.060	4.598
70	4.367	3.905
80	4.367	3.905

第三节　基于中国居民膳食营养素推荐摄入量的人均口粮需要量

一　各种口粮在口粮总量中所占的比例

由于中国统计数据中没有较完整、全面的人均各种口粮食用量或供给量的数据，本书根据联合国粮农组织提供的年人均各种口粮供给量数据，计算出1991—2009年人均各种口粮供给量在口粮供给总量中所占的比例，以此作为确定居民食用的各种口粮在口粮总量中所占比例的依据。另外，中国现在食用的谷物主要是小麦和稻米，根据联合国粮农组织数据计算，二者供给量占谷物供给量的90%以上。因此，在确定居民口粮需要量时，在谷物中，本书只考察小麦和稻米两种谷物。

小麦的比例自1991—2005年总体上呈现下降的趋势，2006年明显上升且至2009年较平稳；稻米的比例自1991—2005年较平稳，2006年明显上升且至2009年较平稳；马铃薯的比例总体上呈现上升的趋势，2006年明显下降后又开始上升；甘薯的比例总体上呈现下降的趋势，2007—2009年较平稳；豆类的比例最低且最平稳，始终保持在0.6%左右。由于小麦和稻米的比例自2006年起呈现新的趋势且2006—2009年较平稳，马铃薯和甘薯的情况也基本类似，所以，本书以各种口粮在2006—2009年的平均比例作为其在全部口粮中所占的比例。具体数值见表2-3。

表2-3 各种口粮在全部口粮中的比例 单位：%

品种	小麦	稻米	马铃薯	甘薯	豆类
比例	32.44	36.88	16.56	13.48	0.64

二 各种口粮所含碳水化合物提供的能量在全部口粮碳水化合物提供的能量中所占的比例

用各种口粮在全部口粮中的比例乘以各种口粮碳水化合物的含量，可以计算出每单位口粮中来自每种口粮碳水化合物的数量，再乘以碳水化合物净能量系数，可以得出在每单位口粮中每种口粮碳水化合物提供的能量及其总和，并进而计算出每种口粮碳水化合物提供的能量在全部口粮碳水化合物提供的能量中所占的比例。具体结果见表2-4。

表2-4 各种口粮碳水化合物提供的能量在全部口粮碳水化合物提供的能量中所占的比例

	碳水化合物含量（克/克）A	每克口粮所含碳水化合物的构成[1]（克）B	碳水化合物净能量系数[2] C	碳水化合物提供的能量（MJ）D = B × C	碳水化合物提供的能量之和（MJ）E = ∑D	能量比例（%）F = D/E
小麦	0.752	0.243912		0.0041		40.93
稻米	0.779	0.287297		0.004829		48.22
马铃薯	0.172	0.028489	0.01681	0.000479	0.01001643	4.78

续表

	碳水化合物含量(克/克) A	每克口粮所含碳水化合物的构成[1](克) B	碳水化合物净能量系数[2] C	碳水化合物提供的能量(MJ) D = B × C	碳水化合物提供的能量之和(MJ) E = ∑D	能量比例(%) F = D/E
甘薯	0.252	0.033967		0.000571		5.70
豆类	0.342	0.002196		0.000037		0.37

注：1. 每克口粮所含碳水化合物的构成等于 A 栏各种口粮碳水化合物含量乘以表 2－3 中各种口粮在全部口粮中的比例。

2. 净能量系数：每克糖类（即碳水化合物）、脂肪、蛋白质在体内氧化产生的能量值称为能量系数。食物中每克糖类、脂肪和蛋白质在体外弹式热量计内成分氧化燃烧可分别产生能量 17.15kJ、39.5kJ 和 23.64kJ，但食物在人体消化过程中并不能完全吸收，习惯上按三者的消化率分别为 98%、95% 和 92% 来计算，故三种产能营养素的净能量系数分别为：

碳水化合物　17.15kJ × 98% = 16.81kJ/g = 0.01681MJ/g

脂肪　39.54kJ × 95% = 37.56kJ/g = 0.03756MJ/g

蛋白质　(23.64kJ－5.44kJ) × 92% = 16.74kJ/g = 0.01674MJ/g

资料来源：1. A 栏数据来源于中国疾病预防控制中心营养与食品安全所编著《中国食物成分表》，北京大学医学出版社 2009 年版，第 4、6、16、20 页。

2. B 栏数据来源于表 2－3。

3. D 栏数据来源于中国营养学会编著《中国居民膳食营养素参考摄入量》，中国轻工业出版社 2012 年版，第 22 页。

三　在全部口粮碳水化合物提供的能量中来自每种口粮的能量

用表 2－4 中 F 栏每种口粮碳水化合物提供的能量在全部口粮碳水化合物提供的能量中所占比例乘以表 2－2 中不同年龄男女居民每天膳食能量推荐摄入量中来自碳水化合物的能量，具体结果见表 2－5。

表 2－5　全部口粮碳水化合物提供的能量中来自每种口粮的能量

单位：MJ/d

性别	年龄(岁)	小麦	稻米	马铃薯	甘薯	豆类
男	2	1.130198	1.331228	0.132010	0.157390	0.010175
	3	1.269784	1.495642	0.148314	0.176829	0.011431
	4	1.364342	1.607020	0.159358	0.189997	0.012283

续表

性别	年龄(岁)	小麦	稻米	马铃薯	甘薯	豆类
男	5	1. 508431	1. 776738	0. 176188	0. 210063	0. 013580
	6	1. 598487	1. 882812	0. 186707	0. 222604	0. 014390
	7	1. 695297	1. 996842	0. 198014	0. 236085	0. 015262
	8	1. 787604	2. 105567	0. 208796	0. 248940	0. 016093
	9	1. 882162	2. 216945	0. 219841	0. 262108	0. 016944
	10	1. 981223	2. 333626	0. 231411	0. 275903	0. 017836
	11	2. 260396	2. 662456	0. 264019	0. 314780	0. 020349
	14	2. 730936	3. 216692	0. 318979	0. 380308	0. 024585
	18	2. 544071	2. 996588	0. 297153	0. 354285	0. 022903
	50	2. 447261	2. 882559	0. 285845	0. 340803	0. 022032
	60	2. 071279	2. 439700	0. 241930	0. 288444	0. 018647
	70	1. 787604	2. 105567	0. 208796	0. 248940	0. 016093
	80	1. 787604	2. 105567	0. 208796	0. 248940	0. 016093
女	2	1. 082919	1. 275539	0. 126487	0. 150806	0. 009749
	3	1. 222505	1. 439954	0. 142791	0. 170245	0. 011006
	4	1. 317063	1. 551331	0. 153836	0. 183413	0. 011857
	5	1. 411622	1. 662709	0. 164880	0. 196581	0. 012708
	6	1. 508431	1. 776738	0. 176188	0. 210063	0. 013580
	7	1. 598487	1. 882812	0. 186707	0. 222604	0. 014390
	8	1. 695297	1. 996842	0. 198014	0. 236085	0. 015262
	9	1. 787604	2. 105567	0. 208796	0. 24894	0. 016093
	10	1. 882162	2. 216945	0. 219841	0. 262108	0. 016944
	11	2. 071279	2. 439700	0. 241930	0. 288444	0. 018647
	14	2. 260396	2. 662456	0. 264019	0. 314780	0. 020349
	18	2. 165837	2. 551078	0. 252974	0. 301612	0. 019498
	50	1. 882162	2. 216945	0. 219841	0. 262108	0. 016944
	60	1. 882162	2. 216945	0. 219841	0. 262108	0. 016944
	70	1. 598487	1. 882812	0. 186707	0. 222604	0. 014390
	80	1. 598487	1. 882812	0. 186707	0. 222604	0. 014390

四　不同年龄男女居民每年各种口粮需要量

首先，用表2－4中各种口粮碳水化合物含量乘以碳水化合物的净能量系数，得出每克粮食所含碳水化合物所提供的能量，见表2－6。

表2－6　　每克粮食所含碳水化合物提供的能量　　单位：MJ

品种	小麦	稻米	马铃薯	甘薯	豆类
能量	0.012641	0.013095	0.002891	0.004236	0.005749

然后用表2－5中不同年龄男女居民来自每种口粮的能量除以表2－6每克粮食所含碳水化合物提供的能量，即得出不同年龄男女居民每天需要的各种口粮的数量，将结果再乘以365天，即得出不同年龄男女居民每人每年需要的各种口粮数量。具体结果见表2－7。

表2－7　　不同年龄男女居民每人每年各种口粮需要量　　单位：千克/年

性别	年龄（岁）	小麦	稻米	马铃薯	甘薯	豆类
男	2	32.63	37.11	16.66	13.56	0.65
	3	36.66	41.69	18.72	15.24	0.73
	4	39.39	44.79	20.12	16.37	0.78
	5	43.55	49.52	22.24	18.10	0.86
	6	46.15	52.48	23.57	19.18	0.91
	7	48.95	55.66	25.00	20.34	0.97
	8	51.62	58.69	26.36	21.45	1.02
	9	54.35	61.79	27.75	22.58	1.08
	10	57.21	65.05	29.21	23.77	1.13
	11	65.27	74.21	33.33	27.12	1.29
	14	78.85	89.66	40.27	32.77	1.56
	18	73.46	83.52	37.51	30.53	1.45
	50	70.66	80.35	36.09	29.36	1.40
	60	59.81	68.00	30.54	24.85	1.18
	70	51.62	58.69	26.36	21.45	1.02
	80	51.62	58.69	26.36	21.45	1.02

续表

性别	年龄（岁）	小麦	稻米	马铃薯	甘薯	豆类
女	2	31.27	35.55	15.97	12.99	0.62
	3	35.30	40.14	18.03	14.67	0.70
	4	38.03	43.24	19.42	15.80	0.75
	5	40.76	46.35	20.81	16.94	0.81
	6	43.55	49.52	22.24	18.10	0.86
	7	46.15	52.48	23.57	19.18	0.91
	8	48.95	55.66	25.00	20.34	0.97
	9	51.62	58.69	26.36	21.45	1.02
	10	54.35	61.79	27.75	22.58	1.08
	11	59.81	68.00	30.54	24.85	1.18
	14	65.27	74.21	33.33	27.12	1.29
	18	62.54	71.11	31.94	25.99	1.24
	50	54.35	61.79	27.75	22.58	1.08
	60	54.35	61.79	27.75	22.58	1.08
	70	46.15	52.48	23.57	19.18	0.91
	80	46.15	52.48	23.57	19.18	0.91

五　中国居民年人均各种口粮需要量

在确定不同年龄男女居民每年需要的每种口粮数量的基础上，确定中国居民年人均各种口粮需要量，具体思路为：根据不同年龄男女居民在总人口中的比例加权计算出年人均各种口粮需要量。为此，首先需要确定不同年龄男女居民在总人口中的比例。

虽然不同年龄男女居民在总人口中的比例是不断变化的，但这种变化是极其微小、缓慢的，而且，从2001年以来有统计数据的年份看，每个年龄的男女居民在总人口中的比例都是小于1%的，因此，即使在短期内人口构成有所变化，对居民年人均粮食消费量的影响也将是极其有限的，可以忽略不计。同时，本书的目的在于确定具有一般意义的人均粮食需要量，而不是确定或预测某一年的人均粮食需要量，所以，本书仅以2011年中国不同年龄男女居民在总人口中的比例作为权数，计算年人均粮食需要量，其结果具有一般意义。在长期内，如果人口构成有了较大变化，可以用新的人口构成数据重新计算不同年龄男女居民在总人口中的比例，并根据本书中的方法对人均粮食需要量进行重新计算。

国家统计局年度数据以每年“全国人口变动情况抽样调查样本数据”为依据，公布本年度“按年龄和性别分人口数”。统计年鉴中“按年龄和性别分人口数”是以5岁为一个年龄段进行统计的，没有分别统计各年龄人口数及其比例，因此，本书以每年龄段人口在总人口中比例的1/5作为每个年龄人口在总人口中的比例，具体见表2-8。

表2-8　不同年龄男女居民在总人口中的比例　单位:%

年龄（岁）	2	3	4	5	6	7	8	9
男	0.62	0.62	0.62	0.58	0.58	0.58	0.58	0.58
女	0.52	0.52	0.52	0.49	0.49	0.49	0.49	0.49
年龄（岁）	10	11	14	18	50	60	70	80
男	0.59	1.76	2.79	27.49	5.94	3.91	2.13	0.67
女	0.50	1.51	2.51	26.42	5.75	3.84	2.24	0.95

用表2-8中不同年龄男女居民在总人口中的比例作为权数乘以表2-7中不同年龄男女居民年各种口粮需要量，再对每一种口粮的需要量求和，即可以得出按不同年龄男女居民在总人口中的比例加权计算的年人均各种口粮需要量，结果见表2-9。

表2-9　年人均口粮需要量　单位：千克/年

性别	年龄（岁）	小麦	稻米	马铃薯	甘薯	豆类
男	2	0.2010	0.2286	0.1027	0.0835	0.0040
	3	0.2258	0.2568	0.1153	0.0939	0.0045
	4	0.2427	0.2759	0.1239	0.1008	0.0048
	5	0.2526	0.2872	0.1290	0.1050	0.0050
	6	0.2677	0.3044	0.1367	0.1112	0.0053
	7	0.2839	0.3228	0.1450	0.1180	0.0056
	8	0.2994	0.3404	0.1529	0.1244	0.0059
	9	0.3152	0.3584	0.1610	0.1310	0.0062
	10	0.3364	0.3825	0.1718	0.1398	0.0067

续表

性别	年龄（岁）	小麦	稻米	马铃薯	甘薯	豆类
男	11	1.1513	1.3091	0.5879	0.4784	0.0228
	14	2.2000	2.5015	1.1235	0.9142	0.0435
	18	20.1920	22.9593	10.3115	8.3911	0.3997
	50	4.1973	4.7726	2.1435	1.7443	0.0831
	60	2.3384	2.6589	1.1942	0.9718	0.0463
	70	1.0994	1.2501	0.5614	0.4569	0.0218
	80	0.3458	0.3932	0.1766	0.1437	0.0068
女	2	0.1613	0.1835	0.0824	0.0670	0.0032
	3	0.1821	0.2071	0.0930	0.0757	0.0036
	4	0.1962	0.2231	0.1002	0.0815	0.0039
	5	0.1997	0.2271	0.1020	0.0830	0.0040
	6	0.2134	0.2427	0.1090	0.0887	0.0042
	7	0.2262	0.2572	0.1155	0.0940	0.0045
	8	0.2399	0.2727	0.1225	0.0997	0.0047
	9	0.2529	0.2876	0.1292	0.1051	0.0050
	10	0.2728	0.3102	0.1393	0.1134	0.0054
	11	0.9007	1.0241	0.4600	0.3743	0.0178
	14	1.6395	1.8642	0.8372	0.6813	0.0325
	18	16.5221	18.7864	8.4374	6.8660	0.3271
	50	3.1249	3.5531	1.5958	1.2986	0.0619
	60	2.0869	2.3729	1.0657	0.8672	0.0413
	70	1.0339	1.1756	0.5280	0.4296	0.0205
	80	0.4385	0.4986	0.2239	0.1822	0.0087
年人均需要量		61.64	70.09	31.48	25.62	1.22
总计				190.05		

根据中国居民目前的口粮消费结构，年人均口粮需要量为总计190.05公斤。如果将口粮中的小麦和稻米分别按照85%和76%的平均折算率折算成原粮，则年人均口粮需要量约为223公斤。

六　各种口粮之间的替代系数

表2-9是按照目前的消费习惯确定的中国年人均各种口粮需要量。消费习惯的变化或各种粮食供给量的变化将使人均各种口粮的实际需要量

发生变化。各种口粮之间具有较强的替代性。以各种口粮提供的能量为依据，确定各种口粮之间的替代系数如表2－10所示。

表2－10　　各种口粮的能量及其间的替代系数

替代品 A	每100克可食部分提供的能量（kJ）	替代系数				
		小麦（B）	稻米（C）	马铃薯（D）	甘薯（E）	大豆（F）
小麦	1416	1	0.975207	4.383901	3.189189	0.868179
稻米	1452	1.025424	1	4.495356	3.27027	0.890251
马铃薯	323	0.228107	0.222452	1	0.727477	0.198038
甘薯	444	0.313559	0.305785	1.374613	1	0.272226
大豆	1631	1.151836	1.123278	5.049536	3.673423	1

资料来源：中国疾病预防控制中心营养与食品安全所编著：《中国食物成分表》，北京大学医学出版社2009年版，第4、6、16、20页。

表2－10中，A栏为替代品，B、C、D、E、F为由A栏品种替代B、C、D、E、F各栏品种的比例，即替代系数。必要的时候，可以据此对人均各种口粮的需要量进行调整。

第四节　基于中国居民膳食营养素推荐摄入量的人均饲料用粮需要量

一　不同年龄男女居民蛋白质推荐摄入量中来自动物性食物的蛋白质

蛋白质的主要来源是肉类、蛋类、奶类食品及豆类食品。根据前文确定的不同年龄男女居民口粮需要量及各种口粮的蛋白质含量，确定居民从口粮中摄取的蛋白质数量，然后从膳食蛋白质推荐摄入量中扣除来自口粮的蛋白质，余额是需要从动物性食物中摄取的蛋白质。表2－11列出了中国居民膳食蛋白质推荐摄入量。

本书对18—60岁（不包含60岁）居民以中体力活动强度为标准确定其蛋白质推荐摄入量，并且仅研究2岁及以上居民的饲料用粮需要量问题。理由同前文对碳水化合物推荐摄入量的确定。

表 2-11　　中国居民膳食蛋白质推荐摄入量　　单位：克/天

<table>
<tr><td rowspan="2">年龄（岁）</td><td rowspan="2">1</td><td rowspan="2">2</td><td rowspan="2">3</td><td rowspan="2">4</td><td rowspan="2">5</td><td rowspan="2">6</td><td rowspan="2">7</td><td rowspan="2">8</td><td rowspan="2">10</td><td rowspan="2">11</td><td rowspan="2">14</td><td colspan="3">18
体力活动</td><td rowspan="2">60</td></tr>
<tr><td>轻</td><td>中</td><td>重</td></tr>
<tr><td>男</td><td>35</td><td>40</td><td>45</td><td>50</td><td>55</td><td>55</td><td>60</td><td>65</td><td>70</td><td>75</td><td>85</td><td>75</td><td>80</td><td>90</td><td>75</td></tr>
<tr><td>女</td><td>35</td><td>40</td><td>45</td><td>50</td><td>55</td><td>55</td><td>60</td><td>65</td><td>65</td><td>75</td><td>80</td><td>65</td><td>70</td><td>80</td><td>65</td></tr>
</table>

资料来源：中国营养学会编著：《中国居民膳食营养素参考摄入量》，中国轻工业出版社 2012 年版，第 80 页。

用表 2-12 中各种口粮蛋白质含量乘以不同年龄男女居民每天各种口粮需要量（表 2-7 的结果除以 365 天），可以得出各种口粮所含的蛋白质数量，再以蛋白质推荐摄入量减去各种口粮蛋白质之和，即可以得出来自动物性食物的蛋白质数量。具体结果如表 2-13 所示。

表 2-12　　各种口粮蛋白质含量（以每克可食部分计）　　单位：克

品种	小麦	稻米	马铃薯	甘薯	豆类
蛋白质	0.119	0.074	0.02	0.014	0.35

资料来源：中国疾病预防控制中心营养与食品安全所编著：《中国食物成分表》，北京大学医学出版社 2009 年版，第 4、6、16、20 页。

表 2-13　　不同年龄男女居民蛋白质推荐摄入量中的动物蛋白质数量　　单位：克/天

性别	年龄（岁）	蛋白质推荐摄入量（A）	小麦（B）	稻米（C）	马铃薯（D）	甘薯（E）	豆类（F）	动物蛋白质 G=A-（B+C+D+E+F）
男	2	40	10.64	7.52	0.91	0.52	0.62	19.79
	3	45	11.95	8.45	1.03	0.58	0.70	22.29
	4	50	12.84	9.08	1.10	0.63	0.75	25.60
	5	55	14.20	10.04	1.22	0.69	0.83	28.02
	6	55	15.05	10.64	1.29	0.74	0.88	26.41
	7	60	15.96	11.28	1.37	0.78	0.93	29.68
	8	65	16.83	11.90	1.44	0.82	0.98	33.03
	9	65	17.72	12.53	1.52	0.87	1.03	31.34
	10	70	18.65	13.19	1.60	0.91	1.09	34.56

续表

性别	年龄（岁）	蛋白质推荐摄入量（A）	小麦（B）	稻米（C）	马铃薯（D）	甘薯（E）	豆类（F）	动物蛋白质 G = A - （B + C + D + E + F）
男	11	75	21.28	15.05	1.83	1.04	1.24	34.57
	14	85	25.71	18.18	2.21	1.26	1.50	36.15
	18	80	23.95	16.93	2.06	1.17	1.39	34.50
	50	80	23.04	16.29	1.98	1.13	1.34	36.23
	60	75	19.50	13.79	1.67	0.95	1.14	37.95
	70	75	16.83	11.90	1.44	0.82	0.98	43.03
	80	75	16.83	11.90	1.44	0.82	0.98	43.03
女	2	40	10.19	7.21	0.87	0.50	0.59	20.63
	3	45	11.51	8.14	0.99	0.56	0.67	23.13
	4	50	12.40	8.77	1.06	0.61	0.72	26.44
	5	55	13.29	9.40	1.14	0.65	0.77	29.75
	6	55	14.20	10.04	1.22	0.69	0.83	28.02
	7	60	15.05	10.64	1.29	0.74	0.88	31.41
	8	65	15.96	11.28	1.37	0.78	0.93	34.68
	9	65	16.83	11.90	1.44	0.82	0.98	33.03
	10	65	17.72	12.53	1.52	0.87	1.03	31.34
	11	75	19.50	13.79	1.67	0.95	1.14	37.95
	14	80	21.28	15.05	1.83	1.04	1.24	39.57
	18	70	20.39	14.42	1.75	1.00	1.19	31.26
	50	70	17.72	12.53	1.52	0.87	1.03	36.34
	60	65	17.72	12.53	1.52	0.87	1.03	31.34
	70	65	15.05	10.64	1.29	0.74	0.88	36.41
	80	65	15.05	10.64	1.29	0.74	0.88	36.41

二　不同年龄男女居民每种动物性食物需要量

由于无法获得居民对各种动物性食物消费量的数据，所以，以居民购买各种动物性食物的数量反映消费数量。

中国城镇和农村居民对动物性食物消费的结构有所不同，主要表现在对鲜奶的消费上，农村居民的消费量明显低于城镇居民。本书以城镇居民的消费数量为依据计算不同年龄男女居民对每种动物性食物的需要量。这基于两方面的原因：第一，城镇居民的消费结构更为合理，是农村居民消费结构调整的方向；第二，中国城镇人口的数量已超过农村人口，未来这一进程仍将加快，城镇人口将成为人口的主体。

首先，根据国家统计局年度数据提供的“城镇居民家庭平均每人全年购买主要商品数量”计算出城镇居民各种动物性食物消费量在动物性食物消费总量中的比例。如表 2－14 所示。

表 2－14　各种动物性食物消费量占动物性食物消费总量的比例　单位:%

品种	猪肉	牛羊肉	禽类	鲜蛋	水产品	鲜奶
比例	27. 38	5. 09	11. 72	15. 09	18. 59	22. 14

资料来源：根据国家统计局年度数据提供的 2000—2011 年城镇居民家庭平均每人全年购买的主要商品数量计算而得。

其次，根据表 2－14 中的结果和每克动物性食物蛋白质含量计算来自每种动物性食物的蛋白质在动物蛋白质总量中所占的比例。结果如表 2－15 所示。

表 2－15　来自每种动物性食物的蛋白质在动物蛋白质总量中所占的比例

	蛋白质含量（克/克）A	在动物性食物消费量中的比例(%) B	每克动物性食物所含蛋白质的构成(克) C = A × B	每克动物性食物所含蛋白质(克) D = ∑C	每种动物蛋白质比例(%) E = C/D
猪肉	0. 132	27. 38	0. 036142	0. 126287	28. 62
牛羊肉	0. 19558	5. 09	0. 009955		7. 88
禽类	0. 193	11. 72	0. 02262		17. 91
鲜蛋	0. 133	15. 09	0. 02007		15. 89
水产品	0. 166	18. 59	0. 030859		24. 44
鲜奶	0. 03	22. 14	0. 006642		5. 26

资料来源：表中每种动物性食物“蛋白质含量（克/克）A”来源于中国疾病预防控制中心营养与食品安全所编著《中国食物成分表》。

其中，每克牛羊肉的蛋白质含量是根据牛羊肉的平均消费比例加权计算出来的。由于国家统计局年度数据“城镇居民家庭平均每人全年购买主要商品数量”没有分别统计牛肉和羊肉的购买数量，而是“牛羊肉”数量，所以，根据国家统计局年度数据所提供的“畜产品产量”计算出2002—2011年10年间牛肉和羊肉的产量比例，以此作为牛肉和羊肉的消费比例，计算出牛羊肉的平均消费比例为0.62∶0.38，再根据这一比例加权计算出牛羊肉的蛋白质含量。

再次，用表2-15中E栏“每种动物蛋白质比例”乘以表2-13中G栏“动物蛋白质”，可以得出不同年龄男女居民推荐摄入的蛋白质中来自各种动物性食物的数量，见表2-16。

表2-16　不同年龄男女居民来自每种动物性食物的蛋白质数量　　单位：克/天

性别	年龄（岁）	猪肉	牛羊肉	禽类	鲜蛋	水产品	鲜奶
男	2	5.66	1.56	3.54	3.14	4.83	1.04
	3	6.38	1.76	3.99	3.54	5.45	1.17
	4	7.33	2.02	4.59	4.07	6.25	1.35
	5	8.02	2.21	5.02	4.45	6.85	1.47
	6	7.56	2.08	4.73	4.20	6.45	1.39
	7	8.49	2.34	5.32	4.72	7.25	1.56
	8	9.45	2.60	5.92	5.25	8.07	1.74
	9	8.97	2.47	5.61	4.98	7.66	1.65
	10	9.89	2.72	6.19	5.49	8.45	1.82
	11	9.89	2.72	6.19	5.49	8.45	1.82
	14	10.35	2.85	6.48	5.74	8.83	1.90
	18	9.87	2.72	6.18	5.48	8.43	1.81
	50	10.37	2.85	6.49	5.76	8.85	1.91
	60	10.86	2.99	6.80	6.03	9.27	2.00
	70	12.31	3.39	7.71	6.84	10.51	2.26
	80	12.31	3.39	7.71	6.84	10.51	2.26
女	2	5.90	1.63	3.70	3.28	5.04	1.09
	3	6.62	1.82	4.14	3.68	5.65	1.22
	4	7.57	2.08	4.74	4.20	6.46	1.39
	5	8.51	2.34	5.33	4.73	7.27	1.56
	6	8.02	2.21	5.02	4.45	6.85	1.47

续表

性别	年龄（岁）	猪肉	牛羊肉	禽类	鲜蛋	水产品	鲜奶
女	7	8.99	2.48	5.63	4.99	7.67	1.65
	8	9.92	2.73	6.21	5.51	8.47	1.82
	9	9.45	2.60	5.92	5.25	8.07	1.74
	10	8.97	2.47	5.61	4.98	7.66	1.65
	11	10.86	2.99	6.80	6.03	9.27	2.00
	14	11.32	3.12	7.09	6.29	9.67	2.08
	18	8.95	2.46	5.60	4.97	7.64	1.64
	50	10.40	2.86	6.51	5.77	8.88	1.91
	60	8.97	2.47	5.61	4.98	7.66	1.65
	70	10.42	2.87	6.52	5.78	8.90	1.91
	80	10.42	2.87	6.52	5.78	8.90	1.91

最后，用表2－16中来自每种动物性食物蛋白质的数量除以表2－15中A栏“每克动物性食物蛋白质含量”，可以得出能够提供所需蛋白质的动物性食物的数量。由此确定的不同年龄男女居民对每种动物性食物的需要量，见表2－17。

表2－17　　不同年龄男女居民每种动物性食物需要量　　单位：克/天

性别	年龄（岁）	猪肉	牛羊肉	禽类	鲜蛋	水产品	鲜奶
男	2	42.90	7.97	18.37	23.64	29.12	34.68
	3	48.32	8.98	20.69	26.63	32.81	39.07
	4	55.50	10.31	23.76	30.58	37.68	44.87
	5	60.75	11.29	26.01	33.47	41.24	49.12
	6	57.26	10.64	24.52	31.55	38.87	46.30
	7	64.35	11.96	27.55	35.45	43.69	52.03
	8	71.61	13.31	30.66	39.45	48.61	57.90
	9	67.94	12.63	29.09	37.43	46.13	54.93
	10	74.94	13.93	32.09	41.29	50.88	60.59
	11	74.95	13.93	32.09	41.30	50.89	60.60
	14	78.39	14.57	33.56	43.19	53.22	63.38
	18	74.79	13.90	32.02	41.21	50.78	60.47

续表

性别	年龄（岁）	猪肉	牛羊肉	禽类	鲜蛋	水产品	鲜奶
男	50	78.55	14.60	33.63	43.28	53.33	63.51
	60	82.29	15.29	35.23	45.34	55.87	66.53
	70	93.29	17.34	39.94	51.40	63.33	75.43
	80	93.29	17.34	39.94	51.40	63.33	75.43
女	2	44.73	8.31	19.15	24.65	30.37	36.17
	3	50.16	9.32	21.48	27.64	34.05	40.56
	4	57.33	10.65	24.55	31.59	38.92	46.36
	5	64.51	11.99	27.62	35.54	43.79	52.16
	6	60.75	11.29	26.01	33.47	41.24	49.12
	7	68.10	12.66	29.16	37.52	46.23	55.06
	8	75.19	13.97	32.19	41.43	51.05	60.79
	9	71.61	13.31	30.66	39.45	48.61	57.90
	10	67.94	12.63	29.09	37.43	46.13	54.93
	11	82.29	15.29	35.23	45.34	55.87	66.53
	14	85.79	15.94	36.74	47.27	58.25	69.37
	18	67.78	12.60	29.02	37.35	46.02	54.80
	50	78.78	14.64	33.73	43.41	53.49	63.70
	60	67.94	12.63	29.09	37.43	46.13	54.93
	70	78.94	14.67	33.80	43.50	53.59	63.83
	80	78.94	14.67	33.80	43.50	53.59	63.83

三　不同年龄男女居民每天所需的各种动物性食物的饲料用粮总量

根据各种动物性产品的耗粮系数计算出不同年龄男女居民每天所需的各种动物性食物的饲料用粮总量。关于各种动物性产品的耗粮系数，各年仅有较小差异且没有明显的趋势性，因此，采用的是各种动物性产品近年来内耗粮系数的均值。并且，因为规模饲养是未来的发展趋势，所以，除牛羊肉外，其他动物性产品的耗粮系数选用的都是规模饲养的耗粮系数。牛羊肉使用的是散养的耗粮系数，因为《全国农产品成本收益资料汇编》没有提供规模饲养的数据。各种动物性产品的耗粮系数如表 2－18 所示。

表 2－18　　各种动物性产品的耗粮系数

	规模生猪	散养肉牛羊	规模肉鸡	规模蛋鸡	规模淡水鱼	规模奶牛
耗粮系数	1.85	0.86	1.71	1.67	1.09	0.37

注：1. 表中数据根据 2004—2012 年《全国农产品成本收益资料汇编》中相关数据计算而得。具体计算方法为某产品某年的耗粮数量除以当年主产品产量。其中，规模生猪、规模肉鸡、规模蛋鸡和规模奶牛的耗粮系数是 2006—2011 年的均值。因为 2009—2012 年《全国农产品成本收益资料汇编》中没有淡水鱼相关数据，所以，淡水鱼的耗粮系数是 2003—2007 年的均值。

2. 肉牛羊的耗粮系数根据牛羊肉的消费比例 0.62∶0.38 加权计算而得。

用表 2－17 中不同年龄男女居民每种动物性食物需要量乘以表 2－18 中每种动物性产品的耗粮系数，得出不同年龄男女居民每天所需要的各种动物性食物的饲料用粮数量，再加总得出不同年龄男女居民每天所需的饲料用粮数量，见表 2－19。

表 2－19　　不同年龄男女居民每天所需的饲料用粮数量　　单位：克/天

性别	年龄（岁）	猪肉用粮	牛羊肉用粮	禽类用粮	鲜蛋用粮	水产品用粮	鲜奶用粮	合计
男	2	79.50	6.86	31.46	39.56	31.71	12.73	201.81
	3	89.56	7.72	35.44	44.56	35.72	14.34	227.34
	4	102.85	8.87	40.71	51.18	41.02	16.47	261.09
	5	112.59	9.71	44.56	56.02	44.90	18.03	285.80
	6	106.11	9.15	42.00	52.80	42.32	16.99	269.37
	7	119.25	10.28	47.20	59.33	47.56	19.09	302.71
	8	132.70	11.44	52.52	66.03	52.93	21.25	336.87
	9	125.91	10.86	49.83	62.65	50.22	20.16	319.62
	10	138.88	11.98	54.97	69.10	55.39	22.23	352.55
	11	138.90	11.98	54.98	69.12	55.40	22.24	352.61
	14	145.27	12.53	57.49	72.28	57.94	23.26	368.77
	18	138.61	11.95	54.86	68.97	55.28	22.19	351.86
	50	145.57	12.55	57.61	72.43	58.06	23.31	369.52
	60	152.50	13.15	60.36	75.88	60.82	24.42	387.12
	70	172.88	14.91	68.42	86.02	68.95	27.68	438.87
	80	172.88	14.91	68.42	86.02	68.95	27.68	438.87

续表

性别	年龄（岁）	猪肉用粮	牛羊肉用粮	禽类用粮	鲜蛋用粮	水产品用粮	鲜奶用粮	合计
女	2	82.90	7.15	32.81	41.25	33.06	13.27	210.43
	3	92.95	8.02	36.79	46.25	37.07	14.88	235.97
	4	106.25	9.16	42.05	52.87	42.38	17.01	269.72
	5	119.54	10.31	47.31	59.48	47.68	19.14	303.46
	6	112.59	9.71	44.56	56.02	44.90	18.03	285.80
	7	126.20	10.88	49.95	62.80	50.33	20.21	320.37
	8	139.34	12.02	55.15	69.33	55.57	22.31	353.71
	9	132.70	11.44	52.52	66.03	52.93	21.25	336.87
	10	125.91	10.86	49.83	62.65	50.22	20.16	319.62
	11	152.50	13.15	60.36	75.88	60.82	24.42	387.12
	14	158.99	13.71	62.93	79.11	63.41	25.46	403.61
	18	125.61	10.83	49.71	62.50	50.10	20.11	318.87
	50	146.00	12.59	57.78	72.64	58.23	23.37	370.62
	60	125.91	10.86	49.83	62.65	50.22	20.16	319.62
	70	146.29	12.62	57.90	72.79	58.35	23.42	371.37
	80	146.29	12.62	57.90	72.79	58.35	23.42	371.37

四　年人均饲料用粮需要量

用表2－19不同年龄男女居民每天所需的饲料用粮数量，乘以365天，即可得出不同年龄男女居民每人每年饲料用粮需要量，再用表2－8中不同年龄男女居民在总人口中的比例作为权数乘以不同年龄男女居民每年饲料用粮需要量并求和，结果即为年人均饲料用粮需要量。具体见表2－20。

按照中国居民目前的动物性食物消费结构，年人均饲料用粮需要量为122.82公斤。根据联合国粮农组织数据，在中国全部饲料用粮中，玉米约占55%，薯类约占30%，小麦和稻米共约占10%，豆类约占1%，其余为其他各种饲料用粮。如果将饲料用粮中的小麦和稻米折算成原粮，则人均饲料用粮需要量约为126公斤。

在长期中，居民的消费结构和养殖技术将发生变化，届时可以依照上述方法，根据变化后的动物性食物消费结构及各种动物性产品的耗粮系数重新计算人均饲料用粮需要量。

表 2 - 20　　年人均饲料用粮需要量

性别	年龄（岁）	饲料用粮（克/天）A	饲料用粮（千克/年）B = A × 365/1000	人口比例（%）C	饲料用粮（千克/年）D = B × C	年人均饲料用粮（千克/年）E = ∑D
男	2	201.81	73.66	0.62	0.45	122.82
	3	227.34	82.98	0.62	0.51	
	4	261.09	95.30	0.62	0.59	
	5	285.80	104.32	0.58	0.61	
	6	269.37	98.32	0.58	0.57	
	7	302.71	110.49	0.58	0.64	
	8	336.87	122.96	0.58	0.71	
	9	319.62	116.66	0.58	0.68	
	10	352.55	128.68	0.59	0.76	
	11	352.61	128.70	1.76	2.27	
	14	368.77	134.60	2.79	3.76	
	18	351.86	128.43	27.49	35.30	
	50	369.52	134.88	5.94	8.01	
	60	387.12	141.30	3.91	5.52	
	70	438.87	160.19	2.13	3.41	
	80	438.87	160.19	0.67	1.07	
女	2	210.43	76.81	0.52	0.40	
	3	235.97	86.13	0.52	0.44	
	4	269.72	98.45	0.52	0.51	
	5	303.46	110.76	0.49	0.54	
	6	285.80	104.32	0.49	0.51	
	7	320.37	116.94	0.49	0.57	
	8	353.71	129.10	0.49	0.63	
	9	336.87	122.96	0.49	0.60	
	10	319.62	116.66	0.50	0.59	
	11	387.12	141.30	1.51	2.13	
	14	403.61	147.32	2.51	3.70	
	18	318.87	116.39	26.42	30.75	
	50	370.62	135.28	5.75	7.78	
	60	319.62	116.66	3.84	4.48	
	70	371.37	135.55	2.24	3.04	
	80	371.37	135.55	0.95	1.29	

第五节　关于人均食用粮食需要量研究的讨论和结论

一　讨论

（一）关于粮食需求量与需要量

对于安全的粮食数量，许多文献表述为“需求量”。在经济学中，需求量是指一定时期内，在既定的价格水平下，消费者愿意并且能够购买的商品数量。需求量涉及消费者的购买力问题。但这些文献并没有对居民的购买力问题进行研究。本书使用粮食“需要量”而不是“需求量”一词，因为本书仅从膳食营养的角度对居民所需要的粮食数量进行研究，没有涉及居民的购买力问题。

（二）本书与其他三项从膳食营养角度进行研究结果的比较

骆建忠（2008）在提出的低、中、高三种方案中，年人均口粮需求量分别为133.4公斤、161.8公斤和211.1公斤，年人均饲料用粮需求量分别为99.0公斤、107.5公斤和110.8公斤。

胡小平、郭晓慧（2010）的研究结果为，年人均口粮需求量为146.7公斤（日均402克），年人均饲料粮需求量为205.9公斤，两项合计352.6公斤。

唐华俊、李哲敏（2012）根据中国居民平衡膳食宝塔中的人均每日膳食需求量标准，按低、中、高三个方案计算出“人均食用粮食年需求量”分别为219.39公斤，275.94公斤和335.19公斤，其中包括烹调油的粮食需求量。[①] 扣除烹调油的粮食需求量，年人均食用粮食需求量分别

---

① 原文表6“平衡膳食模式下的人均粮食需求量”中出现了一个小错误：烹调油折算后的每日粮食需求量低方案为3.75克，高方案为4.13克，中方案为4.5克，高方案和中方案的数字颠倒了。正确的应是：低方案为3.75克，高方案为4.5克，中方案为4.13克。相应的“人均食用粮食年需求量”低方案为219.39公斤，高方案应为335.19公斤，中方案应为275.94公斤。由于干豆需求量本来就很小，加之错误引起的差额很小，仅为每日0.37克，每年0.135公斤，所以，这一小错误对原文最终结果的影响可以忽略不计。

为218.02公斤、274.31公斤和333.69公斤。其中，年人均口粮[①]需求量分别为102.20公斤、133.23公斤和164.25公斤，饲料粮[②]需求量分别为115.82公斤、141.08公斤和169.44公斤。

本书研究的结果为年人均口粮需要量为190.05公斤（日均约520克），年人均饲料用粮需要量为122.82公斤，两项合计312.87公斤。

在口粮数量上，胡小平、郭晓慧的结果与唐华俊、李哲敏中水平方案的结果非常接近。因为，胡小平、郭晓慧是以“宝塔”推荐的各种食物摄入量上下限的均值再上调10%为基础进行计算的。骆建忠高水平方案的结果与本书结果比较接近。因为，骆建忠的研究思路与本书的研究思路基本相同，都没有直接根据“宝塔”推荐的各种食物的摄入量为基础计算粮食需要量，而是根据推荐的能量摄入量推算粮食需要量。本书从《中国居民膳食营养素参考摄入量》推荐的能量摄入量入手，计算能够提供所需能量的粮食数量。骆建忠从《中国居民膳食指南》的膳食宝塔中各类食物的建议量下限能量水平1800kcal和上限能量水平2600kcal入手，研究能够提供所需能量的粮食数量。本书与骆建忠的不同之处在于，本书是用推荐的一个确定的能量数量进行研究，而骆建忠是根据推荐的一个能量范围进行研究，因此，骆建忠提出了低、中和高三种方案。

胡小平、郭晓慧与唐华俊、李哲敏提出的口粮数量偏低。按照目前的各种口粮消费比例及日均400克口粮计算，每天口粮提供的能量约为4MJ，仅为人日均能量摄入量8.81MJ[③]的45%左右，明显低于中国营养学会推荐的碳水化合物能量占总能量55%的最低限。

在饲料粮数量上，胡小平、郭晓慧的结果明显高于其他研究结果。原

① 这里的口粮数量是根据原文表6“平衡膳食模式下的人均粮食需求量”中“谷类食物”和“干豆”的数量计算得出的。原文中“谷类食物”是指“谷物薯类及杂豆”。原文表2“平衡膳食模式下中国一般成年人应摄入的食物量”在“人均年食物消费量方案”一栏中，干豆一项又出现一个小错误：低方案的干豆数量18.25公斤，高方案18.25公斤，中方案14.60公斤，低方案与高方案数量相同。根据“宝塔”的推荐量，干豆日均消费量的低方案为30克，高方案为50克，中方案为40克，则人均年消费量低方案应为10.95公斤，高方案为18.25公斤，中方案为14.60公斤。原文没有再运用这里的“人均年食物消费量方案”数据，所以，这一小错误没有对文章的最终结果造成影响。

② 原文没有直接给出饲料粮的需求量，本书根据其文中鱼虾类、畜和禽肉、蛋类、鲜奶等“折算后的粮食需求量”数据计算出饲料粮需求量。

③ 这一结果是本书根据中国营养学会推荐的中国居民膳食能量摄入量及不同年龄男女居民在总人口中的比例加权计算的人日均能量摄入量。

因在于，文章“按照国际国内的通行标准，猪肉的料肉比为4.3∶1，牛肉的料肉比为3.6∶1，羊肉、禽肉和蛋类的料肉比均为2.7∶1，奶产品和水产品的料肉比分别为0.5∶1和0.4∶1”。[①] 其文中所用的猪肉、牛肉、羊肉、禽肉和蛋类的料肉比明显高于其他研究。这直接导致了其研究结果中饲料粮需求量高。唐华俊、李哲敏的研究结果也明显高于本书，原因同样在于其文中所用耗粮系数高于本书研究。骆建忠高水平方案中的饲料粮数量与本书接近。

本书在给出人均口粮需要量的同时，也对口粮的品种结构进行了研究，给出了各种粮食的需要量以及各种口粮之间的替代系数。

（三）关于人均食用粮食需要量研究的不足及未来的研究方向

本书是以当前中国居民对各种口粮和动物性食物的消费结构为基础研究人均口粮和饲料用粮需要量的。未来，人们的食品消费结构及养殖技术都将升级，这将引起人均口粮和饲料用粮需要量的变化。本书没有对此进行预测。另外，本书只涉及了五种主要的口粮，研究品种明显少于人们实际消费品种。在未来的研究中力争对这些问题进行完善。

粮食最基本、最主要的功能是满足人们的营养需要，因此，对直接满足人体营养需要的口粮和饲料用粮需要量的研究是整个粮食安全问题研究中最基础也是最重要的部分。未来，将对加工用粮、种子用粮、损耗粮食等的数量进行研究，完成对粮食数量安全问题的研究，并在此基础上对居民粮食购买力即粮食需求量问题进行研究，探讨如何实现粮食市场安全。

二　结论

中国年人均口粮占有量达到190公斤，饲料用粮占有量达到123公斤就能够实现基本的食用粮食数量安全。粮食的基本功能是满足人体营养需要，因此，应该从营养需要出发而不是从供给能力出发，建立口粮和饲料用粮数量安全的标准。人均口粮190公斤、人均饲料用粮123公斤是在目前的食物消费结构下，能够满足中国居民膳食营养需要的粮食数量，可以作为人均口粮和饲料用粮数量安全的标准。

根据联合国粮农组织数据，中国在2000—2009年，各年人均口粮供给量均超过210公斤，平均超过220公斤；各年人均饲料用粮供给量均达

① 胡小平、郭晓慧：《2020年中国粮食需求结构分析及预测——基于营养标准的视角》，《中国农村经济》2010年第6期，第10页。

到或超过 130 公斤，平均超过 140 公斤。[①] 中国年人均食用粮食供给量已超过安全标准，表明在目前的人口规模和消费结构下，中国基本的食用粮食供给量是安全的。但中国个别地区和个别人口仍存在饥饿和营养不良现象，这表明中国粮食供给存在地区结构和人口结构不平衡的问题。随着人口的增长和消费结构升级，未来食用粮食需要量必将增长，加之其他各种用途粮食需要量的增长，中国未来粮食安全形势严峻。

本章小结

本章以中国居民膳食营养素推荐摄入量（RNIs）为依据，确定符合营养需要的食用粮食需要量。符合营养需要的食用粮食数量就是安全的粮食数量。根据中国营养学会推荐的不同年龄男女居民膳食营养素摄入量及各种食物所含营养成分，分别计算出不同年龄男女居民每年各种口粮需要量和饲料用粮需要量，再根据不同年龄男女居民在总人口中的比例加权计算出年人均口粮和饲料用粮需要量。

按照中国居民目前的食物消费结构，符合中国居民膳食营养素推荐摄入量的年人均小麦、稻米、马铃薯、甘薯和豆类等各种口粮需要量之和为 190. 05 公斤，年人均小麦、稻米、玉米、薯类和豆类等各种饲料用粮需要量之和为 122. 82 公斤，两项合计为 312. 87 公斤（折算成原粮约为 349 公斤）。

长期来看，居民食物消费结构和养殖方式的变化将引起口粮和饲料用粮需要量的变化，届时可以根据各种口粮之间的替代系数对口粮需要量进行调整，根据变化后的各种动物性食物的消费结构和耗粮系数对饲料用粮需要量进行调整。年人均食用粮食 313 公斤是粮食安全的数量标准。粮食安全数量标准的建立，为准确判断中国粮食安全状况进而采取有效措施实现粮食安全提供了依据。

---

① 年人均口粮供给量和年人均饲料用粮供给量分别根据 2000—2009 年联合国粮农组织“Food supply quantity (kg/capita/yr)”和“Feed (1000 tonnes)”数据计算得出。

第三章　中国粮食数量安全状况评价

第一节　粮食供给量及其安全状况评价

一　安全的粮食数量

根据前文的研究结果，基于中国居民膳食营养素推荐摄入量的年人均口粮需要的数量和结构如表 3－1 所示。

表 3－1　　推荐年人均口粮需要量　　单位：公斤

品种	小麦	稻米	马铃薯	甘薯	豆类
年人均需要量	61.64	70.09	31.48	25.62	1.22
合计	190.05				

资料来源：同表 2－9。

同样，根据前文的研究结果，基于中国居民膳食营养素推荐摄入量的年人均饲料用粮需要量为 122.82 公斤。人均口粮和饲料用粮需要量合计约为 313 公斤。这是能够满足居民膳食营养需要的粮食数量。如果中国年人均口粮和饲料用粮供给量能够达到这一标准，那么中国的粮食供给在数量上就是安全的。

二　粮食供给量

中国的粮食供给由本国的粮食产量加净进口构成。

（一）年人均粮食产量

1. 年人均原粮产量

中国年人均原粮产量如表 3－2 所示。

表 3－2　　　　年人均原粮产量　　　　单位：公斤

年份	小麦	稻谷	薯类	豆类	粮食
1991	82.84	158.70	23.45	10.77	375.83
1992	86.70	158.93	24.27	10.69	377.79
1993	89.77	149.78	26.84	16.46	385.17
1994	82.85	146.79	25.24	17.49	371.38
1995	84.38	152.93	26.94	14.76	385.25
1996	90.34	159.41	28.89	14.63	412.24
1997	99.73	162.37	25.82	15.17	399.73
1998	87.95	159.27	28.89	16.04	410.62
1999	90.53	157.80	28.94	15.06	404.17
2000	78.61	148.26	29.08	15.86	364.66
2001	73.55	139.14	27.92	16.08	354.66
2002	70.29	135.88	28.54	17.45	355.82
2003	66.93	124.32	27.19	16.46	333.29
2004	70.74	137.77	27.37	17.17	361.16
2005	74.52	138.11	26.53	16.50	370.17
2006	82.52	138.24	20.55	15.24	378.89
2007	82.72	140.80	21.25	13.02	379.63
2008	84.69	144.50	22.44	15.39	398.12
2009	86.26	146.20	22.45	14.46	397.77
2010	85.90	145.99	23.22	14.14	407.54
2011	87.13	149.18	24.29	14.16	423.95
2012	89.38	150.83	24.22	12.79	435.42
2013	89.60	149.64	24.47	11.72	442.37
2014	92.27	150.98	24.39	11.88	443.79

资料来源：根据国家统计局年度数据提供的粮食总产量、各类粮食产量及年末总人口数据计算而得。

在表 3－2 中，“粮食”是年粮食生产总量与当年期末人口总数的商。这个“粮食”指的是原粮。原粮是未经加工的粮食。稻米和小麦的原粮包括不能作为口粮但可以作为饲料的外壳部分。

2. 年人均可食粮食[①]产量

"稻米"和"小麦"分别是稻谷和小麦原粮的可食部分。本书说的人均口粮需要量是按照粮食的可食部分计算的。稻谷脱壳后的糙米是稻谷的可食部分。不同种类稻谷的出糙率不同，籼稻谷和籼糯稻谷的出糙率为71%—79%，粳稻谷和粳糯稻谷的出糙率为73%—81%，晚粳稻谷出糙率为70%—82%。由于没有各种稻谷产量及出糙率的准确数据，本书按照各类稻谷出糙率的简单算术平均数76%作为稻谷的出糙率，计算稻谷可食部分稻米的数量，结果即表3－3中的"稻米"数量。小麦原粮不可食的麦皮重量平均占小麦原粮的15%，扣除这部分后，小麦原粮的可食部分数量如表3－3中的"小麦"所示。

表3－3　年人均可食粮食产量　单位：公斤

年份	小麦(A)	稻米(B)	薯类(C)	豆类(D)	可食粮食合计 A+B+C+D
1991	70.42	120.61	23.45	10.77	225.25
1992	73.69	120.79	24.27	10.69	229.44
1993	76.30	113.83	26.84	16.46	233.43
1994	70.42	111.56	25.24	17.49	224.72
1995	71.73	116.22	26.94	14.76	229.65
1996	76.79	121.15	28.89	14.63	241.46
1997	84.77	123.40	25.82	15.17	249.16
1998	74.76	121.05	28.89	16.04	240.73
1999	76.95	119.93	28.94	15.06	240.88
2000	66.82	112.68	29.08	15.86	224.43
2001	62.52	105.75	27.92	16.08	212.27
2002	59.75	103.27	28.54	17.45	209.00
2003	56.89	94.48	27.19	16.46	195.02
2004	60.13	104.71	27.37	17.17	209.38
2005	63.35	104.96	26.53	16.50	211.34
2006	70.14	105.07	20.55	15.24	211.00
2007	70.31	107.01	21.25	13.02	211.59

① 在本书中，"粮食"均指原粮。食用粮食中的小麦和稻米是指稻谷和小麦去壳后可以食用的部分，即"可食粮食"。其余各处的"粮食"，如不特别说明，均指原粮。

续表

年份	小麦（A）	稻米（B）	薯类（C）	豆类（D）	可食粮食合计 A+B+C+D
2008	71.98	109.82	22.44	15.39	219.63
2009	73.32	111.11	22.45	14.46	221.34
2010	73.01	110.95	23.22	14.14	221.33
2011	74.06	113.38	24.29	14.16	225.90
2012	75.97	114.63	24.22	12.79	227.61
2013	76.16	113.72	24.47	11.72	226.08
2014	78.43	114.74	24.39	11.88	229.45

（二）年人均净进口量

年人均净进口的粮食数量与结构如表 3-4 所示。

表 3-4　　年人均粮食净进口量　　单位：公斤

年份	谷物	薯类	大豆	合计
1996	7.84	0.29	0.75	8.88
1997	-3.37	0.73	2.11	-0.54
1998	-4.01	0.82	2.43	-0.76
1999	-3.17	1.28	3.27	1.38
2000	-8.39	1.06	8.05	0.73
2001	-4.17	5.09	10.73	11.65
2002	-9.32	5.29	8.59	4.55
2003	-15.37	7.48	15.84	7.95
2004	3.85	10.52	15.31	29.68
2005	-2.96	9.33	20.03	26.40
2006	-1.88	13.96	21.19	33.28
2007	-6.29	12.09	22.98	28.78
2008	-0.20	5.78	27.84	33.41
2009	1.37	16.19	31.62	49.18
2010	3.36	15.64	40.75	59.75
2011	3.18	13.91	38.91	56.01
2012	9.62	19.08	42.88	71.58
2013	10.02	21.25	46.42	77.69

资料来源：谷物、大豆数据根据国家统计局年度数据提供的进出口主要货物数量计算而得，数据的起始年份为 1996 年。国家统计局没有提供薯类进出口数据，薯类数据根据 FAOSTAT：Food Balance/Commo-dity Balances-Crops Primary Equivalent 提供的薯类进出口数量计算而得。

表3－4数据显示，自1996年以来，除1997年和1998年，其余年份中国粮食净进口量均为正。其中，薯类和豆类净进口量始终为正。正的粮食净进口增加了中国的粮食供给量。

（三）年人均粮食供给量

年人均粮食产量与年人均粮食净进口量之和即为年人均粮食供给量。受粮食净进口量数据限制，年人均粮食供给量只有1996—2013年的数据。具体结果如表3－5所示。

表3－5　年人均粮食供给量　单位：公斤

年份	1996	1997	1998	1999	2000	2001	2002	2003	2004
数量	421.12	399.20	409.86	405.54	365.39	366.31	360.37	341.24	390.84
年份	2005	2006	2007	2008	2009	2010	2011	2012	2013
数量	396.57	412.17	408.41	431.53	446.95	467.29	479.96	507.00	520.05

三　粮食数量安全状况评价

（一）粮食供给量能够满足居民安全的食用粮食需要量

表3－3数据显示，历年可食粮食产量均超过表3－1中安全的口粮需要量。这表明，在不考虑粮食其他用途的前提下，中国的粮食产量能够满足居民口粮需要，居民口粮数量是安全的。就各粮食品种看，小麦和稻米的产量明显高于安全的口粮需要量，薯类产量明显低于推荐的口粮需要量。前文研究结果认为，小麦和稻米对马铃薯和甘薯的替代系数约为3，即1个单位的小麦或稻米可以替代约3个单位的马铃薯或甘薯。在可食粮食产量高于安全的口粮需要量的前提下，小麦和稻米的产量高于需要量，薯类的产量低于需要量，表明可食粮食品种的构成质量高，口粮数量安全更能得到有效保证。薯类产量低于需要量也为中国政府提出的将马铃薯作为主食的战略提供了有力的支持。豆类产量虽然明显高于口粮需要量，但是在中国，豆类主要是作为加工用粮使用的。

表3－2数据还显示，历年原粮产量均超过安全的口粮和饲料用粮需要量之和。这表明，中国的饲料用粮供给量也是安全的。表3－4数据显示，中国粮食净进口量总体为正。表3－5数据显示，由粮食产量和粮食净进口量共同构成的中国粮食供给量明显超过安全的食用粮食需要量。

（二）粮食供给量在扣除非食用粮食消费后仍能满足居民安全的食用粮食需要量

中国国家统计局没有提供各种用途粮食的数据。FAOSTAT 虽然提供了各种用途粮食和粮食总供给量的数据，但某些数据与中国国家统计局的数据不一致，所以，这里没有直接使用 FAOSTAT 提供的口粮、饲料用粮和粮食总供给量的数据，而是运用 FAOSTAT 提供的数据，分别计算出中国口粮在粮食总供给量中的比例和中国食用粮食（口粮加饲料用粮）在粮食总供给量中的比例，再运用这一比例求出在中国粮食总供给量中实际消费的口粮和食用粮食的数量。这样可以降低由于数据差异造成的误差。口粮和食用粮食比例如表 3－6 和表 3－7 所示。

表 3－6　　口粮占粮食供给量的比例　　单位：%

年份	1991	1992	1993	1994	1995	1996	1997	1998	1999	2000	2001	2002
比例	56.8	56.7	56.6	57.6	53.9	50.1	54.2	52.8	53.0	58.4	58.4	58.5
年份	2003	2004	2005	2006	2007	2008	2009	2010	2011	2012	2013	年均
比例	61.6	55.5	55.3	52.5	52.5	51.4	49.0	48.2	47.1	44.4	43.5	53.4

资料来源：根据 FAOSTAT：Food Balance/Commodity Balances – Crops Primary Equivalent 中相关数据计算而得。

表 3－7　　食用粮食占粮食供给量的比例　　单位：%

年份	1991	1992	1993	1994	1995	1996	1997	1998	1999	2000	2001	2002
比例	82.1	83.6	85.7	89.4	84.2	81.8	85.8	84.7	85.9	93.8	93.8	94.3
年份	2003	2004	2005	2006	2007	2008	2009	2010	2011	2012	2013	年均
比例	98.4	87.6	87.0	83.2	84.0	82.2	81.9	82.1	83.8	82.1	82.3	86.1

资料来源：根据 FAOSTAT：Food Balance/Commodity Balances – Crops Primary Equivalent 中相关数据计算而得。

用中国历年实际消费的口粮比例和食用粮食比例分别乘以同年人均粮食供给量，可以得到历年人均消费的口粮和食用粮食数量。具体结果如表 3－8 所示。

表 3－8　　人均口粮和食用粮食消费量　　单位：公斤

年份	1996	1997	1998	1999	2000	2001	2002	2003	2004
口粮	210.99	216.38	216.55	214.99	213.5	213.93	210.64	210.1	216.99
食用粮食	344.35	342.51	347.07	348.56	342.62	343.67	339.87	335.71	342.53

续表

年份	2005	2006	2007	2008	2009	2010	2011	2012	2013
口粮	219.45	216.49	214.32	221.61	218.92	225.20	226.07	225.09	226.00
食用粮食	345.02	342.97	342.98	354.63	366.14	383.56	402.35	416.45	428.26

表3－8数据显示，中国历年实际消费的口粮和食用粮食数量均超过安全的粮食需要量，表明中国的粮食供给在满足了其他用途的消费后，仍能够满足居民口粮和饲料用粮的需要。

综上所述，可以得出结论：中国的粮食供给在数量上是安全的。

四　部分居民没有获取所需的粮食

粮食安全是指“所有人在任何时候都能够在物质、社会和经济上获取足够、安全和富有营养的食物”。数量足够的粮食是粮食安全的前提和基础，但有足够的粮食并不等于就实现了粮食安全。如果有人不能够获取所需的粮食，他们就成为饥饿人口，粮食安全就没有实现。中国粮食供给在数量上是足够的、是安全的，但仍有1.34亿的饥饿人口，这表明，部分居民没有获取所需的粮食。因此，中国没有实现粮食安全。

第二节　中国粮食供给来源结构安全状况评价

中国粮食供给的来源结构分为粮食生产和进口两部分。中国的粮食供给量由自身的产量和净进口量构成。为了深入分析并准确揭示中国粮食安全状况，本书分别分析中国进口粮食和不进口粮食情况下的粮食安全状况。

一　中国仅依靠自身粮食产量条件下的食用粮食数量安全状况

假设中国没有粮食进出口，仅有自身的粮食生产，但是各种用途粮食的消费比例不变，即居民仍然按照表3－6和表3－7中给出的比例消费口粮和食用粮食，分析中国自身的粮食产量能否满足安全的口粮及食用粮食需要量。为此，用表3－6和表3－7中给出的口粮和食用粮食比例乘以人均粮食产量，结果如表3－9所示。

表 3－9　　假设仅有自身粮食产量条件下的人均口粮和食用粮食消费量　　单位：公斤

年份	口粮	食用粮食	年份	口粮	食用粮食
1991	213.41	308.55	2003	205.21	327.89
1992	214.17	315.64	2004	200.51	316.52
1993	218.05	330.24	2005	204.84	322.05
1994	214.07	331.98	2006	199.01	315.27
1995	207.64	324.50	2007	199.22	318.81
1996	206.54	337.09	2008	204.45	327.17
1997	216.67	342.97	2009	194.84	325.85
1998	216.95	347.71	2010	196.40	334.51
1999	214.26	347.38	2011	199.69	355.40
2000	213.07	341.94	2012	193.31	357.66
2001	207.13	332.74	2013	192.24	364.29
2002	207.98	335.57			

表 3－9 数据显示，在假设仅有自身粮食产量的条件下，居民人均可以消费的口粮数量均超过推荐的符合营养需要的约 190 公斤的人均口粮需要量，表明即使没有粮食进口但仍然按照有进口时的口粮消费比例，中国自身的粮食产量仍能够满足居民口粮需要。居民人均可以消费的食用粮食数量均超过推荐的符合营养需要的约 313 公斤的人均食用粮食需要量，中国自身的粮食产量仍能够满足居民食用粮食需要。

二　非食用粮食消费对食用粮食消费的"挤出"

从数据上看，在假设没有进口的条件下，中国自身的粮食产量仍然能够满足居民食用粮食需要，食用粮食数量似乎是安全的。但这种逻辑是错误的。

中国全部粮食供给在满足食用粮食消费之外，还用于其他各种用途，即满足非食用粮食需要。因为食用粮食的需求弹性小，居民对食用粮食的需要量不会随着供给量的变动而大幅变动，所以可以认为，居民食用粮食需要量是一定的。除了食用粮食外，还有一种用途的粮食需求具有刚性的特征，即种子用粮，有粮食生产就必然产生种子用粮需求。在粮食产量中扣除食用、种子等刚性粮食需求量之后，可供加工及其他用途的粮食数量将进一步减少。表 3－10 是根据 FAOSTAT 提供的数据计算的中国历年种子用粮占粮食供给量的比例。

表 3－10　　种子用粮占粮食供给量的比例　　单位：%

年份	1991	1992	1993	1994	1995	1996	1997	1998	1999	2000	2001	2002
比例	3.08	2.99	2.98	3.02	2.82	2.65	2.82	2.62	2.59	2.82	2.81	2.69
年份	2003	2004	2005	2006	2007	2008	2009	2010	2011	2012	2013	
比例	2.93	2.72	2.33	2.35	2.37	2.33	2.34	2.27	2.21	2.13	2.06	

资料来源：根据 FAOSTAT：Food Balance/Commodity Balances－Crops Primary Equivalent 相关数据计算而得，http：//faostat3. fao. org/download/FB/BC/E。

假设中国没有粮食进出口的条件下，粮食生产所需的种子必然是由自身产量满足。粮食产量中用于种子的数量用表 3－2 中人均粮食产量乘以表 3－10 中种子用粮比例获得。具体结果如表 3－11 所示。表 3－11 同时还给出了在自身粮食产量中用于食用和种子的粮食数量、粮食产量中扣除食用和种子用粮的数量以及粮食供给量中扣除食用和种子用粮的数量。

表 3－11　　人均种子用粮及其他用粮数量　　单位：公斤

年份	种子用粮	粮食产量中（食用粮食＋种子用粮）A	粮食产量－A	粮食供给量－A
1991	11.58	320.13	55.69	—
1992	11.31	326.95	50.84	—
1993	11.47	341.71	43.45	—
1994	11.23	343.21	28.17	—
1995	10.86	335.35	49.90	—
1996	10.92	348.01	64.23	65.61
1997	11.26	354.23	45.50	45.44
1998	10.77	358.48	52.14	52.04
1999	10.45	357.83	46.34	46.49
2000	10.29	352.23	12.43	12.45
2001	9.95	342.69	11.96	12.36
2002	9.56	345.13	10.69	10.83

续表

年份	种子用粮	粮食产量中（食用粮食 + 种子用粮）A	粮食产量 - A	粮食供给量 - A
2003	9.75	337.64	-4.35	-4.46
2004	9.83	326.35	34.81	37.67
2005	8.64	330.69	39.48	42.30
2006	8.92	324.20	54.69	59.50
2007	9.01	327.83	51.80	55.73
2008	9.28	336.45	61.66	66.84
2009	9.31	335.16	62.61	70.35
2010	9.25	343.76	63.78	73.13
2011	9.35	364.75	59.20	67.02
2012	9.26	366.92	68.51	79.77
2013	9.13	373.42	68.94	81.05

对比表 3 - 11 中（粮食产量 - A）的数量和（粮食供给量 - A）的数量，可以发现，前者的数值明显小于后者。说明，在中国粮食净进口为正、食用粮食消费和种子用粮消费刚性的条件下，用于其他用途粮食消费的数量显然高于没有进口条件下的数量。食用粮食和非食用粮食的消费不是按顺序进行的，而是同时进行的，即粮食不是在满足了食用消费需要之外再去满足非食用消费需要。因此，在中国没有粮食进口，仅依靠自身产量进行消费时，非食用粮食消费需求不会在食用粮食消费需求得到满足之后再进行，即非食用粮食消费需求不会因为粮食供给总量的减少而主动缩减，甚至缩减量就是净进口量。事实上，非食用粮食和食用粮食会竞争消费。在粮食供给量因没有净进口而减少的条件下，非食用粮食消费必然会"挤出"一部分食用粮食消费，结果造成食用粮食需要量得不到满足，食用粮食数量不安全。

假设中国在没有粮食净进口，仅靠自身粮食产量满足各种消费需求的条件下，居民的食用粮食需要量得不到保证，存在食用粮食数量不安全的风险。

三 中国通过净进口增加粮食供给条件下的粮食安全状况

（一）人均各类粮食供给量

人均各类粮食供给量如表3－12所示。

表3－12 人均各类粮食供给量 单位：公斤

年份	谷物	薯类	豆类	合计
1996	376.55	29.18	15.38	421.12
1997	355.36	26.55	17.28	399.20
1998	361.69	29.71	18.46	409.86
1999	357.00	30.22	18.33	405.54
2000	311.33	30.14	23.91	365.39
2001	306.49	33.01	26.81	366.31
2002	300.51	33.82	26.03	360.37
2003	274.27	34.67	32.30	341.24
2004	320.48	37.89	32.48	390.84
2005	324.18	35.86	36.53	396.57
2006	341.22	34.51	36.44	412.17
2007	339.07	33.34	36.00	408.41
2008	360.09	28.22	43.22	431.53
2009	362.23	38.63	46.09	446.95
2010	373.54	38.87	54.89	467.29
2011	388.68	38.20	53.08	479.96
2012	408.03	43.30	55.67	507.00
2013	416.19	45.71	58.15	520.05

资料来源：谷物、大豆数据根据国家统计局年度数据提供的相关数据计算而得，数据的起始年份为1996年。薯类数据根据FAOSTAT：Food Balance/Commodity Balances－Crops Primary Equivalent提供的相关数据计算而得。

（二）粮食对外依存度

本书用粮食净进口量占粮食供给量的比例表示粮食的对外依存度。用表3－4中的粮食净进口量除以表3－12中的各类粮食供给量，得出中国各类粮食的对外依存度。具体结果如表3－13所示。

表3－13　　中国粮食对外依存度　　单位:%

年份	谷物	薯类	豆类	粮食
1996	2.08	1.00	4.91	2.11
1997	－0.95	2.73	12.22	－0.13
1998	－1.11	2.76	13.14	－0.19
1999	－0.89	4.22	17.86	0.34
2000	－2.69	3.53	33.68	0.20
2001	－1.36	15.43	40.01	3.18
2002	－3.10	15.63	32.98	1.26
2003	－5.60	21.58	49.04	2.33
2004	1.20	27.76	47.13	7.59
2005	－0.91	26.03	54.83	6.66
2006	－0.55	40.46	58.17	8.07
2007	－1.85	36.26	63.83	7.05
2008	－0.06	20.47	64.40	7.74
2009	0.38	41.90	68.61	11.00
2010	0.90	40.24	74.23	12.79
2011	0.82	36.41	73.31	11.67
2012	2.36	44.07	77.03	14.12
2013	2.41	46.48	79.84	14.94

表3－13数据显示，中国综合的粮食对外依存度虽有波动，但总体呈上升趋势，到2013年达到14.94%。薯类的对外依存度居高不下。问题最为严重的是大豆的对外依存度自2005年以来持续超过50%，到2013年竟然达到80%左右。

（三）三大主粮对外依存度

小麦、稻米和玉米被称为中国的三大主粮。其中，小麦和稻米主要作为口粮，玉米主要作为饲料用粮。玉米在饲料用粮中的比例占50%以上。中国三大主粮的对外依存度如表3－14所示。

表3－14数据显示，中国从稻米和玉米的净出口国慢慢转变为净进口国，近年来，进口依存度呈上升趋势，玉米的进口依存度竟然达到50%以上。近年来，中国小麦的进口依存度也在逐年上升。

表3－14　中国三大主粮对外依存度　单位:%

年份	小麦	稻米	玉米
1991	13.33	－0.63	－142.73
1992	11.15	－0.96	－167.79
1993	6.54	－1.46	－167.41
1994	7.43	－1.02	－113.61
1995	11.84	1.67	59.17
1996	8.43	0.52	2.88
1997	1.91	－0.62	－85.34
1998	1.52	－3.50	－52.16
1999	0.46	－2.52	－51.31
2000	0.92	－2.68	－126.77
2001	0.25	－1.57	－69.76
2002	－0.09	－1.72	－132.64
2003	－2.01	－2.33	－181.39
2004	7.18	－0.12	－25.72
2005	3.63	－0.14	－93.00
2006	－0.59	－0.49	－34.32
2007	－2.54	－0.82	－55.71
2008	－0.11	－0.63	－2.13
2009	1.05	－0.41	－0.49
2010	1.43	－0.22	14.42
2011	1.39	0.08	15.94
2012	4.23	1.92	52.71

资料来源：根据FAOSTAT：Food Balance/Food Supply－Crops Primary Equivalent 和 Trade/Crops and livestock products 相关数据计算而得。

（四）进口依存度高给中国粮食安全带来的风险——以大豆为例的分析

1. 中国大豆播种面积、产量、进出口量等情况

为了清晰地了解中国大豆播种面积、产量和进出口量的变动趋势，根据国家统计局提供的数据将这三项指标分别绘制成曲线图，如图3－1、图3－2和图3－3所示。

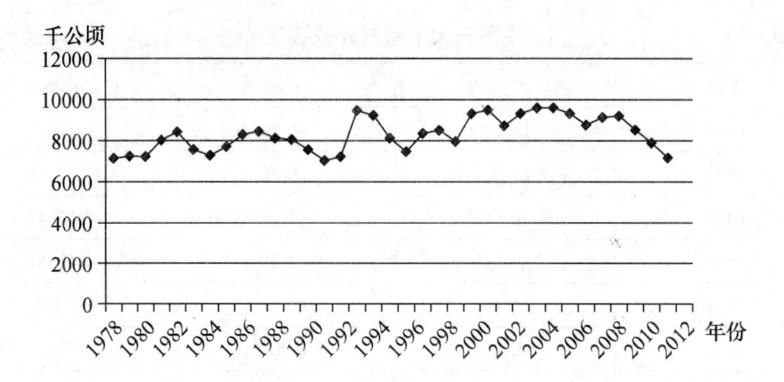

图 3－1　大豆播种面积

资料来源：国家统计局年度数据。

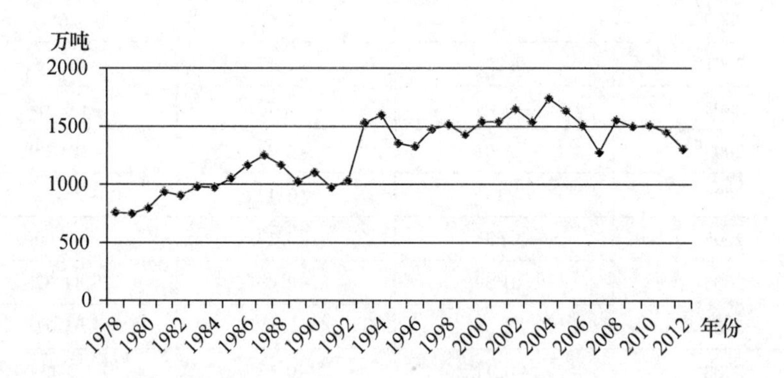

图 3－2　大豆产量

资料来源：国家统计局年度数据。

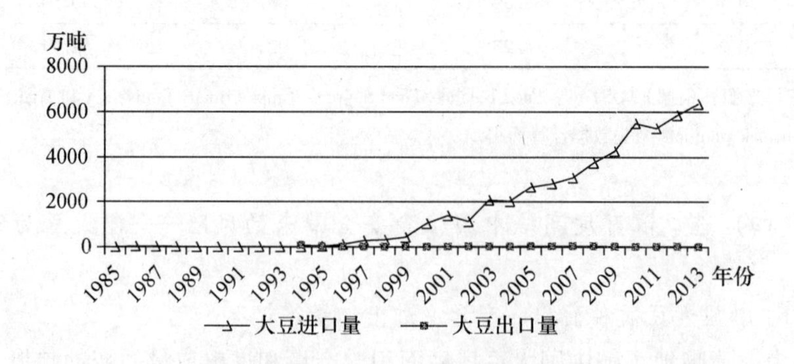

图 3－3　大豆进出口量

资料来源：国家统计局年度数据。

图3－1显示，大豆播种面积自1978年以来呈波动状态，但直至2012年，播种面积较20世纪70年代末80年代初没有显著的下降。图3－2显示，大豆产量自1978年以来总体上呈波动上升趋势，尽管2010—2012年三年间产量有所下降，但仍高于20世纪90年代以前的平均水平。图3－3显示，与巨大的进口数量相比，出口数量是极其微小的。自20世纪90年代后期开始，大豆进口量显著上升，此后一直呈明显、持续上升趋势。

上述三个数据图显示，中国的大豆播种面积和产量都没有显著下降，即中国自身的大豆供给量没有显著变化，但大豆的进口量显著上升，这表明中国的大豆需求显著上升了。当中国的播种面积和产量不能满足大豆需求时，只有通过进口来满足。

2. 中国的大豆危机

中国大豆危机是指中国的大豆供给和大豆加工产业主要被国外资本控制，中国失去了在大豆生产和加工上的自主权。中国国内普遍认为大豆危机发生在2004年。

（1）2004年大豆价格的暴涨与暴跌。2003年8月，美国农业部对大豆月度供需报告将大豆库存数据调整到20多年来的低点。对大豆供给量减少的预期直接引起芝加哥期货交易所大豆价格连续上涨，从2003年8月时的最低点约540美分，一路上涨到2004年4月初的约1060美分，涨幅达96.3%。在涨价过程中，中国食用油压榨企业在美国抢购了800多万吨大豆，平均价格折合人民币约4300元/吨。此后，大豆价格急速下跌，跌幅达66.8%。

（2）大豆价格暴涨直接导致了中国的大豆危机。中国科学院的一份研究报告估计，在大豆价格暴涨期间，中国购买的大豆多支付了约15亿美元。巨大的成本负担压垮了中国大批食用油压榨企业，外国资本趁机大规模收购中国榨油企业。“目前ADM、邦吉（Bunge）、嘉吉（Cargill）和路易达孚（Louis Dreyfus）4家最大的粮商部分或完全控制了中国大约90家大型榨油企业中的64家，从而控制了85%左右的市场份额。”①

中国的大豆供给和加工已经被外国资本控制，中国失去了对大豆及大豆产品的定价权，完全成为国际市场上的价格接受者。中国失去了大豆主权。

---

① 北京大学中国与世界研究中心：《研究报告》，http://nc.mofcom.gov.cn/articlexw/xw/plgd/201412/18807523_1.html。

（3）大豆危机的背景。在国际资本围攻中国，中国放开大豆市场的背景下，中国大豆危机的爆发已不可避免。

第一，国际背景。2003 年美国大豆价格已经开始缓慢上涨。2003 年 12 月，时任总理的温家宝访美，宣布中国将进口美国的农产品，特别是大豆。国际资本正是在获得了这一信息之后，开始大幅拉升大豆的价格，同时有美国政府调低大豆库存的配合，给中国企业造成价格将继续上涨的假象和恐慌，致使中国企业在 2004 年年初签下大笔订单。在中国企业签下订单后，大豆价格快速下跌，严格地讲，这不是下跌，是对合理价格的回归。但是中国企业的损失已不可避免。

第二，国内背景。前文关于大豆的三个图已经显示，在中国大豆生产能力没有显著下降的情况下，大豆的进口量却显著上升，这是中国大豆需求量上升的结果。中国对国际市场大豆需求量上升，推动价格上涨具有合理性和必然性。另外，中国加入世界贸易组织的条件之一就是对大豆不实行进口配额，不实施出口补贴，降低关税。其结果就是放开了中国的大豆市场。使用国外的大豆成本低、出油率高，国外大豆很快占领了中国市场，使中国企业对国外大豆产生依赖。这种依赖的结果必然是失去主权。

（五）通过净进口增加粮食供给使中国的粮食安全面临风险

中国粮食安全的目标之一是粮食自给率保证在 95% 以上，作为主要口粮的稻米和小麦的自给率保证 100%。[①] 但事实是，自 2004 年起，粮食自给率始终低于 95%。近年稻米和小麦净进口量上升，对外依存度虽然低却呈上升趋势。作为主要饲料用粮的玉米的对外依存度超过 50%。大豆的对外依存度过高已使中国失去大豆主权。

世界上的许多小国家特别是发达的小国家，比如日本、韩国、新加坡、冰岛、瑞士等国，都是粮食净进口国，依靠粮食进口满足国内的需要。这些国家人口少，且分散，对国际市场的粮食需求数量有限，因此影响也有限。但是，中国是世界第一人口大国，中国的饥饿人口数超过 1 亿，超过若干个粮食净进口国家人口数的总和。如果中国粮食需要依靠国际市场满足，那么，中国巨大的需求将推高国际市场粮食价格，使中国承受巨额的成本，从而影响中国其他领域的经济发展。同时，国际资本也会因此获得控制中国整个粮食市场，使中国失去粮食主权，进而威胁国家安

---

① 《国家粮食安全中长期规划纲要（2008—2020 年）》，中国政府网。

全。大豆危机就是中国的前车之鉴。因此，中国的粮食来源结构不安全。

本章小结

以“基于中国居民膳食营养素推荐摄入量的粮食需要量（口粮190公斤，饲料用粮123公斤）”为食用粮食安全的数量标准，不考虑粮食的其他用途，中国自身的粮食产量完全能够满足中国居民食用的需要。但粮食除了食用外还有多种非食用用途，包括加工、种子以及损耗和浪费等。各种用途的粮食消费同时进行，即粮食不是在满足了食用消费之后再去满足其他消费。这就造成非食用粮食需要对食用粮食需要的“挤出”，威胁食用粮食安全。中国通过净进口增加国内的粮食供给量，满足国内对粮食的食用和非食用需要。依据联合国粮农组织数据计算出中国各种用途粮食消费在粮食供给量中的比例，再用食用粮食消费比例计算出食用粮食消费量，这个消费量仍然超过安全的标准。这表明，粮食净进口后，可以满足食用和非食用的需要。中国粮食供给在数量上是安全的。但是，部分居民没有获取所需的粮食，成为饥饿人口，中国没有实现粮食安全。并且，在粮食供给来源结构上，中国依靠净进口增加粮食供给量，大豆危机表明这种粮食供给来源结构存在安全风险。

第四章　中国食物安全状况评价与分析

第一节　食物安全的评价指标

国际上反映食物安全状况的指标主要有联合国粮农组织的食物安全整套指标和国际食物政策研究所（International Food Policy Research Institute, IFPRI）的全球饥饿指数（GHI）。两套指标体系有共同的具体指标。

一　联合国粮农组织的食物安全整套指标

联合国粮农组织在《2013 年世界食物不安全状况》（*The State of Food Insecurity in the World* 2013）中公布了“食物安全的多元维度”，由 4 个维度的 30 个具体指标构成。4 个维度分别是：食物可供量、食物获取、食物利用和稳定性。30 个指标又分为两大类：一类反映食物安全的决定因素，另一类反映由这些因素共同决定的食物安全的结果。在《2013 年世界食物不安全状况》中文版中，有对于这套指标的中文翻译，但本书认为，其中几个重要指标的翻译不准确。

（一）食物安全整套指标原文及中译文

食物安全整套指标原文及中译文，如表 4－1 和表 4－2 所示。

（二）关于食物安全整套指标中几个重要指标中文翻译的修正

联合国粮农组织已经公布了若干国家的某些指标数据，但是国家不完全，数据也不完全。在 30 个指标中，当联合国粮农组织需要总体上描述世界食物安全状况时，使用的是“Prevalence of undernourishment”指标，这是反映食物安全结果的一项指标。联合国粮农组织每年公布的《世界食物不安全状况》中，正文的第一项都是“Undernourishment around the world”。这表明，“Prevalence of undernourishment”指标最能够反映世界及某个国家的食物安全状况，因而是最重要的指标。但本书认为，在

表 4－1　　食物安全整套指标原文

The suite of food security indicators

<table>
<tr><th>FOOD SECURITY INDICATORS</th><th>DIMENSION</th><th></th></tr>
<tr><td>Average dietary energy supply adequacy</td><td rowspan="5">AVAILBILITY</td><td rowspan="18">STATIC and DYNAMIC DETERMINANTS</td></tr>
<tr><td>Average value of food production</td></tr>
<tr><td>Share of dietary energy supply derived from cereals, roots and tubers</td></tr>
<tr><td>Average protein supply</td></tr>
<tr><td>Average supply of protein of animal origin</td></tr>
<tr><td>Percentage of paved roads over total roads</td><td rowspan="3">PHYSICAL ACCESS</td></tr>
<tr><td>Road density</td></tr>
<tr><td>Rail lines density</td></tr>
<tr><td>Domestic food price index</td><td>ECONOMIC ACCESS</td></tr>
<tr><td>Access to improved water sources</td><td rowspan="2">UTILIZATION</td></tr>
<tr><td>Access to improved sanitation facilities</td></tr>
<tr><td>Cereal import dependency ratio</td><td rowspan="3">VULNERABILITY</td></tr>
<tr><td>Percentage of arable land equipped for irrigation</td></tr>
<tr><td>Value of food imports over total merchandise exports</td></tr>
<tr><td>Political stability and absence of violence/terrorism</td><td rowspan="4">SHOCKS</td></tr>
<tr><td>Domestic food price volatility</td></tr>
<tr><td>Per capita food production variability</td></tr>
<tr><td>Per capita food supply variability</td></tr>
<tr><td>Prevalence of undernourishment</td><td rowspan="4">ACCESS</td><td rowspan="12">OUTCOMES</td></tr>
<tr><td>Share of food expenditure of the poor</td></tr>
<tr><td>Depth of the food deficit</td></tr>
<tr><td>Prevalence of food inadequacy</td></tr>
<tr><td>Percentage of children under 5 years of age affected by wasting</td><td rowspan="8">UTILIZATION</td></tr>
<tr><td>Percentage of children under 5 years of age who are stunted</td></tr>
<tr><td>Percentage of children under 5 years of age who are underweight</td></tr>
<tr><td>Percentage of adults who are underweight</td></tr>
<tr><td>Prevalence of anaemia among pregnant women</td></tr>
<tr><td>Prevalence of anaemia among children under 5 years of age</td></tr>
<tr><td>Prevalence of vitamin A defkiency (forthcoming)</td></tr>
<tr><td>Prevalence of iodine deficiency (forthcoming)</td></tr>
</table>

Note：Vsuuse and desled desktop tom and metusls for there indcaos are adle on the compion website (www. fao. org/publications/soft/cn). Souce：FAQ.

资料来源：Measuring different dimensions of food security. FAO：http：//www. fao. org/docrep/018/i3434e/i3434e00. htm。

表 4－2　　食物安全整套指标中译文

<table>
<tr><td colspan="3">粮食安全整套指标</td></tr>
<tr><td>粮食安全各项指标</td><td>维度</td><td></td></tr>
<tr><td>平均膳食能量供给充足度
粮食产量平均值
谷物及块根类在膳食能量供给量中所占比例
蛋白质平均供给量
动物性蛋白质平均供给量</td><td>可供量</td><td rowspan="6">静态及动态决定因素</td></tr>
<tr><td>铺面道路在道路总量中所占比例
道路密度
铁路密度</td><td>获取的物质手段</td></tr>
<tr><td>国内食品价格指数</td><td>获取的经济手段</td></tr>
<tr><td>良好水源的获取
良好卫生设施的获取</td><td>利用</td></tr>
<tr><td>谷物进口依赖度比率
带有灌溉设施的耕地所占比例
粮食进口值与商品总出口值之间的比值</td><td>脆弱性</td></tr>
<tr><td>政局稳定、不存在暴力/恐怖主义
国内粮食价格波动性
人均粮食产量波动性
人均粮食供应量波动性</td><td>各类冲击</td></tr>
<tr><td>食品不足发生率
贫困人口粮食支出所占比例
粮食短缺程度
粮食不足发生率</td><td>获取</td><td rowspan="2">结果</td></tr>
<tr><td>5 岁以下儿童消瘦比例
5 岁以下儿童发育迟缓比例
5 岁以下儿童低体重比例
成人低体重比例
孕妇贫血比例
5 岁以下儿童贫血比例
维生素 A 缺乏症发生率（即将推出）
碘缺乏症发生率（即将推出）</td><td>利用</td></tr>
</table>

注：各项指标的数值已公布在《世界粮食不安全状况》网址上（www. fao. org/publications/soft/cn）。

资料来源：Measuring different dimensions of food security. FAO：http：//www. fao. org/docrep/018/i3434e/i3434e00. htm。

《2013年世界食物不安全状况》中文版中，对这一指标及另外几个指标的翻译不够准确。

1. "Prevalence of undernourishment" 指标

在《2013年世界食物不安全状况》中文版中，将"Prevalence of undernourishment"指标翻译为"食物不足发生率"。"undernourishment"的基本含义是营养不足，是指从膳食中获取的营养没有满足身体需要。联合国粮农组织的标准是一个人每天摄入的能量低于1800千卡。"Prevalence of undernourishment"是从膳食营养获取的角度考察居民的食物安全状况。所以，"Prevalence of undernourishment"应翻译为"营养不足发生率"。在本书研究中，使用"营养不足发生率"表示"Prevalence of undernourishment"。

2. "Depth of the food deficit" 指标

在《2013年世界食物不安全状况》中文版中，将"Depth of the food deficit"翻译为"粮食短缺程度"。在中文中，"粮食"是指谷物、薯类和豆类等农作物食物。在英文中，"food"指包括农作物、禽畜产品和水产品等。并且，"Depth of the food deficit"指标的数量单位是"（kcal/capita/day）"即"千卡/每人/每天"。"Depth of the food deficit"是从膳食能量摄入量的角度考察居民的食物安全状况。食物中的三大产能营养素是碳水化合物、蛋白质和脂肪。能够提供能量的食物不仅包括粮食，还包括肉、蛋、奶等动物性食物。所以，"Depth of the food deficit"应翻译为"食物短缺程度"。

3. "Prevalence of food inadequacy" 指标

在《2013年世界食物不安全状况》中文版中，将"Prevalence of food inadequacy"翻译为"粮食不足发生率"。"food"是食物，不仅指粮食。所以，这一指标应翻译为"食物不足发生率"。在食物安全整套指标中，"food"均指食物，而不是粮食。

综合上述三点，本书对食物安全整套指标的中文翻译进行了修改，经修正后，食物安全整套指标如表4-3所示。

二 IFPRI的饥饿指数

IFPRI在《2014年全球饥饿指数》（*2014GLOBAL HUNGER INDEX*）中说明，饥饿指数GHI由三个权重相等的指标构成。[①] 英文为：

---

① IFPRI ed., 2014*GLOBAL HUNGER INDEX*. p. 7. http://www.ifpri.org/sites/default/files/publications/ghi14.pdf.

表4-3　　　　　　　　食物安全整套指标

<table>
<tr><td>平均膳食能量供给充足度</td><td rowspan="5">可供量</td><td rowspan="18">静态及动态决定因素</td></tr>
<tr><td>食物产量平均值</td></tr>
<tr><td>谷物及块根类在膳食能量供给量中所占比例</td></tr>
<tr><td>蛋白质平均供给量</td></tr>
<tr><td>动物性蛋白质平均供给量</td></tr>
<tr><td>铺面道路在道路总量中所占比例</td><td rowspan="3">获取的物质手段</td></tr>
<tr><td>道路密度</td></tr>
<tr><td>铁路密度</td></tr>
<tr><td>国内食物价格指数</td><td>获取的经济手段</td></tr>
<tr><td>良好水源的获取</td><td rowspan="2">利用</td></tr>
<tr><td>良好卫生设施的获取</td></tr>
<tr><td>谷物进口依赖度比率</td><td rowspan="3">脆弱性</td></tr>
<tr><td>带有灌溉设施的耕地所占比例</td></tr>
<tr><td>食物进口值与商品总出口值之间的比值</td></tr>
<tr><td>政局稳定、不存在暴力/恐怖主义</td><td rowspan="4">各类冲击</td></tr>
<tr><td>国内食物价格波动性</td></tr>
<tr><td>人均食物产量波动性</td></tr>
<tr><td>人均食物供应量波动性</td></tr>
<tr><td>营养不足发生率</td><td rowspan="4">获取</td><td rowspan="12">结果</td></tr>
<tr><td>贫困人口食物支出所占比例</td></tr>
<tr><td>食物短缺程度</td></tr>
<tr><td>食物不足发生率</td></tr>
<tr><td>5岁以下儿童消瘦比例</td><td rowspan="8">利用</td></tr>
<tr><td>5岁以下儿童发育迟缓比例</td></tr>
<tr><td>5岁以下儿童低体重比例</td></tr>
<tr><td>成人低体重比例</td></tr>
<tr><td>孕妇贫血比例</td></tr>
<tr><td>5岁以下儿童贫血比例</td></tr>
<tr><td>维生素A缺乏症发生率（即将推出）</td></tr>
<tr><td>碘缺乏症发生率（即将推出）</td></tr>
</table>

1. *Undernourishment*: *the proportion of undernourished people as a percentage of the population* (*reflecting the share of the population with insufficient caloric intake*);

2. *Child underweight*: *the proportion of children under the age of five who are underweight* (*that is*, *have low weight for their age*, *reflecting wasting*, *stunted growth*, *or both*), *which is one indicator of child undernutrition*; *and*

3. *Child mortality*: *the mortality rate of children under the age of five* (*partially reflecting the fatal synergy of inadequate food intake and unhealthy environments*).

中文饥饿指数的三个指标：

（1）营养不足：营养不足人口的百分比（反映卡路里摄入不足的人口比例）；

（2）儿童低体重：5岁以下儿童低体重比例（体重低于其年龄应有的体重，反映消瘦、发育迟缓，或两者兼有），是反映儿童营养不良的一个指标；

（3）儿童死亡率：5岁以下儿童死亡率（部分反映食物摄入不足的致命性综合影响和不健康的生活环境）。

三　反映中国食物安全状况指标的选取

由于联合国粮农组织的整套指标内容过多且有些指标数据不完全，所以，本书选取其中部分指标反映中国食物安全状况。本书选取整套指标中反映“结果”的指标。其中“获取”的4项指标中，只有3项有数据，分别是营养不足发生率、食物不足发生率和食物短缺程度。其中，食物不足发生率与营养不足发生率反映的内容大致相同，所以，本书不选取食物不足发生率指标。营养不足发生率是联合国粮农组织整套指标中最重要的一项指标，是从热量摄入不足人口比例的角度反映食物安全状况。食物短缺程度是从个人热量摄入不足数量的角度反映食物安全程度。本书选取这两项指标。

“利用”的8项指标中只有3项有数据，分别是5岁以下儿童消瘦比例、5岁以下儿童发育迟缓比例和5岁以下儿童低体重比例。因为5岁以下儿童消瘦和发育迟缓的程度已经部分地由5岁以下儿童低体重比例反映出来，所以，本书只选取5岁以下儿童低体重比例，这也是饥饿指数的三大指标之一。

本书选取联合国粮农组织整套指标中的营养不足发生率、食物短缺程度、5 岁以下儿童低体重比例 3 项指标，再加上饥饿指数中 5 岁以下儿童死亡率指标，共 4 项指标反映中国的食物安全状况。这 4 项指标全部包含了饥饿指数的 3 项指标。反映食物安全的这 4 项指标及饥饿指数国际上通用的标准都是“ <5%”，即小于 5% 是食物安全的、没有饥饿问题的。发达国家的这些指标均小于 5%。

第二节　中国食物安全状况评价

一　中国食物安全 4 项指标

用本书选取的反映中国食物安全的 4 项指标的数据如表 4 – 4 所示。

表 4 – 4　　中国食物安全 4 项指标

时间（年）	营养不足发生率（%）（3 年平均）	食物短缺程度（3 年平均）（卡/人·天）	5 岁以下儿童低体重比例①（%）	5 岁以下儿童死亡率②（%）
1991—1993	24.5	193		6.1
1992—1994	23.4	185	14.2	5.7
1993—1995	22.0	172		5.3
1994—1996	20.1	157		5.0
1995—1997	18.5	145	10.7	4.5
1996—1998	17.6	138		4.5
1997—1999	16.9	133		4.2
1998—2000	16.5	131	6.9	4.2
1999—2001	16.2	130		4.1
2000—2002	16.0	129	7.4	4.0
2001—2003	15.9	129		3.6
2002—2004	15.9	129	6.8	3.5
2003—2005	15.8	129		3.0
2004—2006	15.6	128		2.5
2005—2007	15.3	126	4.5	2.3
2006—2008	14.8	121		2.1

续表

时间（年）	营养不足发生率（3年平均）（%）	食物短缺程度（3年平均）（卡/人·天）	5岁以下儿童低体重比例①（%）	5岁以下儿童死亡率②（%）
2007—2009	14.1	116		1.8
2008—2010	13.3	108	5.1	1.9
2009—2011	12.5	101	4.6	1.7
2010—2012	11.7	94	3.4	1.6
2011—2013	11.0	88		1.6
2012—2014	10.4	83		1.3
2013—2015	9.8	78		1.2

注：①1992—2012年间不连续的数据。②1991—2013年数据。

资料来源：5岁以下儿童死亡率来源于国家统计局年度数据，http：//data. stats. gov. cn/easyquery. htm？cn = C01，其余数据均来自FAOSTAT：http：//faostat3. fao. org/download/D/FS/E。

二　中国饥饿指数

中国的饥饿指数如表4－5所示。

表4－5　　**中国饥饿指数**　　单位：%

年份	1990	1995	2000	2005	2013	2014
GHI	13.6	10.7	8.5	6.8	5.5	5.4

资料来源：IFPRI ed.，2014*GLOBAL HUNGER INDEX*. p. 16. http：//www. ifpri. org/sites/default/files/publications/ghi14. pdf。

三　中国食物不安全但问题不严重

（一）中国食物不安全

反映中国食物安全的4项指标中有两项指标显示中国没有实现食物安全。联合国粮农组织反映食物安全最重要的指标是营养不足发生率。中国营养不足发生率直至2013—2015年仍接近10%，明显高于5%的安全标准。食物短缺程度反映的是居民膳食能量摄入量。

联合国粮农组织认为，1800千卡是维持一个人一天身体需要的最低能量摄入标准。即使按照这一最低标准，中国居民人均每天能量摄入量仍不足。

此外，联合国粮农组织公布的《2015年世界食物不安全状况》中直接给出了中国营养不足人口的数量。如表4－6所示。

表4－6　　中国营养不足人口　　单位：百万

时间（年）	1990—1992	2000—2002	2005—2007	2010—2012	2014—2016
数量	289.0	211.2	207.3	163.2	133.8

资料来源：FAO ed., *The State of Food Insecurity in the World* 2015. p. 46. http://www.fao.org/3/a4ef2d16－70a7－460a－a9ac－2a65a533269a/i4646e.pdf。

（二）中国食物不安全问题不严重

上述数据均表明，中国食物不安全，但问题不严重，具体表现在以下四个方面：

第一，反映中国食物安全状况的4项指标及饥饿指数和中国营养不足人口均呈明显下降趋势。

第二，中国5岁以下儿童死亡率指标自20世纪90年代中期就开始小于5%并持续下降。中国在这一指标上已实现安全。

第三，中国5岁以下儿童低体重比例在近五年中已降至5%以下，实现了安全。

第四，中国饥饿指数2014年已降至5.4%，接近5%以下的安全水平。

总之，中国食物安全的指标和中国饥饿指数及世界食物不安全状况数据均显示：中国食物不安全，但中国食物不安全问题并不严重。

第三节　中国食物安全影响因素
——以四国为例的比较分析

分析影响中国食物安全的因素，对于中国最终消除食物不安全问题是必需的工作。食物安全是一个世界性的问题。对一些有代表性国家食物安全影响因素进行比较分析，可以形成对所分析国家及世界食物安全影响因素的更为深入和全面的认识。

一　研究对象国家的选取

本书依据两个标准选取研究对象：第一，具有代表性；第二，研究数据可获得性。依据这两个标准，选取中国、印度、泰国、乌干达四国为研究对象，比较分析影响各国食物安全的主要因素。其中，中国和印度是世界上饥饿人口最多的国家，理应作为研究对象。泰国情况特殊，泰国近十年食物自给率均超过100%。按照通常的认识，能够实现食物自给的国家不应该存在食物安全问题，但事实是泰国营养不足发生率仍在10%左右。因此，非常有必要对泰国的情况进行研究，以发现在食物能够自给的情况下，影响国家食物安全的因素。世界上食物不安全的国家主要集中在非洲，但关于非洲国家的数据非常有限，所以，仅以数据较为完整的乌干达为例分析食物安全的影响因素。

二　研究方法及数据来源

本书运用多元线性回归方法对影响各国食物安全的因素进行实证分析。研究所需的各国营养不足发生率、食物产量、进口量、国内食物供给量等数据来源于联合国粮农组织统计数据库FAOSTAT①；人均GDP数据来源于世界银行Data/The World Bank②；基尼系数来源于标准化世界收入不平等数据库SWIID。③

三　理论模型

（一）定义变量

1. 被解释变量

本书要分析的是影响食物安全的因素，食物安全是被解释变量。在联合国粮农组织每年出版的《世界食物不安全状况》（*The State of Food Insecurity in the World*）一书中，主要使用营养不足发生率（prevalence of undernourishment）指标反映一国的食物安全状况。营养不足发生率小于5%是食物安全的标准。发达国家的营养不足发生率均在5%以下，实现了食物安全。营养不足发生率越高，表明一国的食物安全程度越低。本书的被解释变量用营养不足发生率指标反映。

2. 解释变量

已有研究认为，影响国家食物安全的因素很多，包括本国的资源禀赋、气候条件、经济发展水平等因素，也包括世界的食物产量、食物价格等因素。由于数据的限制，本书仅选取1992—2010年食物自给率、食物

---

① FAOSTAT：http：//faostat3. fao. org/download/Q/ * /E.

② Data/The World Bank：http：//data. worldbank. org/.

③ SWIID：http：//myweb. uiowa. edu/fsolt/swiid/swiid. html.

进口指数、人均 GDP、基尼系数 4 个解释变量分析食物安全的影响因素。4 个解释变量基本包含了影响食物安全的主要因素：（1）食物自给率能够反映出一国资源禀赋、气候条件等因素；（2）食物进口指数能够反映世界的食物产量、食物价格等因素；（3）人均 GDP 及基尼系数反映了一国经济发展状况。

（二）模拟方程

设模拟方程为：

$$Y = a_0 + a_1X_1 + a_2X_2 + a_3X_3 + a_4X_4 + u$$

其中，Y 表示营养不足发生率；X_1 表示食物自给率；X_2 表示食物进口指数；X_3 表示人均 GDP；X_4 表示基尼系数；a_0，a_1，a_2，a_3，a_4 表示未知参数；u 表示随即干扰项，且 $E(u) = 0$，与 4 个自变量无关。

本书所用的 X_1 食物自给率不是用通常的食物产量与食物产量加净进口量之比计算的，因为这种方法中的食物产量加净进口量即国内食物供给量不是实现了食物安全的食物数量。本书所用的食物自给率是指食物产量占能够实现食物安全的食物需要量的比例，其计算公式为：

食物自给率 = 食物产量/食物需要量

其中，食物需要量是指能够实现食物安全的食物数量。它不等于国内食物供给量，因为对于营养不足发生率大于 5% 即食物不安全的国家，国内食物供给量是小于其安全的食物需要量的，正因为如此，才产生了大量营养不足人口。

食物需要量的计算公式为：

食物需要量 = 国内食物供给量/(1 − 营养不足发生率)

X_2 食物进口指数是本书定义的一个指标。当一国食物产量不能达到本国安全的食物需要量时，应通过进口弥补食物缺口。一国净进口的食物数量与食物缺口即应该进口的食物数量之比就是食物进口指数。一国进口食物，不仅是一个经济问题，同时也是一个政治问题。食物进口指数综合反映了一国在经济上和政治上进口食物的能力。一国食物进口能力越强，即食物进口指数越高，食物安全程度就越高。

食物进口指数的计算公式为：

食物进口指数 = 实际进口的食物数量/应该进口的食物数量

应该进口的食物数量 = 食物需要量 − 食物产量

四　结果及分析

（一）ADF检验与协整检验

进行回归分析之前，必须确定样本中的时间序列具有平稳性，否则可能会出现虚假回归。通常对各指标时间序列的平稳性进行单位根检验。对中国、印度、泰国和乌干达四国的$X(X_1, X_2, X_3, X_4)$与Y进行检验的结果（由于篇幅限制，具体检验结果从略）显示，$X(X_1, X_2, X_3, X_4)$与Y的概率值都小于0.05，因此X与Y在二阶的时候是平稳的。由于X与Y在二阶时都是平稳的，可以认为两者是单阶同整的，即通过了协整检验。

（二）回归分析与检验

各国实践表明，经济发展水平与其食物安全程度密切相关，经济越发达的国家食物安全程度越高。发达国家均实现了食物安全，营养不足人口主要集中在中低收入国家。因此，反映一国经济发展程度的主要指标人均GDP应该是影响国家食物安全的主要因素之一。但是，对四个国家进行多元线性回归分析的结果显示，四国的X_3人均GDP均未通过T检验，表明人均GDP不是影响国家食物安全的主要因素。对这一结果，本书将在结论部分进行解释。

因此，剔除X_3解释变量，对另外3个解释变量与被解释变量的关系进行分析，各国结果如下：

1. 中国

关于中国研究变量的数据如表4-7所示。

表4-7　　中国变量数据

年份	Y(%)	X_1(%)	X_2(%)	X_3(百美元)	X_4(%)
1992	23.90	77.82	7.49	3.63	37.07
1993	24.50	76.65	4.48	3.74	38.37
1994	23.40	76.04	6.47	4.69	38.76
1995	22.00	77.10	11.20	6.04	39.15
1996	20.10	80.70	8.69	7.03	38.35
1997	18.50	81.75	7.64	7.75	38.15
1998	17.60	83.84	7.46	8.21	38.59

续表

年份	Y(%)	X_1(%)	X_2(%)	X_3(百美元)	X_4(%)
1999	16.90	83.69	9.22	8.65	40.07
2000	16.50	80.99	11.00	9.49	43.07
2001	16.30	80.19	12.16	10.42	46.49
2002	16.10	80.74	11.42	11.35	50.74
2003	16.00	79.77	14.49	12.74	49.95
2004	15.90	81.66	20.24	14.90	49.76
2005	15.90	82.23	21.54	17.31	49.52
2006	15.70	82.50	23.10	20.69	49.53
2007	15.30	83.37	23.59	26.51	50.17
2008	14.80	84.19	24.15	34.14	50.76
2009	14.20	83.35	30.03	37.49	51.28
2010	13.40	83.57	33.45	44.33	51.83
2011	12.50	84.12	33.19	54.47	52.16
2012	11.80	84.16	39.99	60.93	52.32
2013	11.10	84.28	43.39	68.07	52.38

资料来源：X_1、X_2 根据本书确定的公式，用联合国粮农组织统计数据库提供的相关数据计算得出；X_3 来源于世界银行；X_4 来源于标准化世界收入不平等数据库。

（1）中国样本数据的回归分析。将原始数据导入 Eviews 6.0，利用该软件进行回归分析，结果如表 4－8 所示。

表 4－8　　中国样本数据的回归分析

因变量：Y				
方法：Least Squares				
样本年份：1992—2013 年				
观察值：22				
	相关系数	标准差	统计量	概率
C	92.52870	9.299847	9.949486	0.0000
X_1	－0.746344	0.118454	－6.300717	0.0000
X_2	0.060642	0.100448	0.603709	0.5540

续表

	相关系数	标准差	统计量	概率
X_3	-0.047006	0.050120	-0.937862	0.3614
X_4	-0.324811	0.075115	-4.324199	0.0005
R^2	0.941170	Mean dependent var		16.92727
调整的 R^2	0.927328	S. D. dependent var		3.774751
S. E. of regression	1.017587	Akaike info criterion		3.069462
Sum squared resid	17.60322	Schwarz criterion		3.317426
log likelihood	-28.76408	Hannan - Quinn criter.		3.127875
F 统计量	67.99248	Durbin - Watson stat		0.909246
概率 F 统计量	0.000000			

分析：在显著性水平 $\alpha=0.05$ 的情况下，只有 X_1、X_4 的概率（收尾概率）<0.05，通过了显著性检验。

剔除了 X_2、X_3 再对 X_1、X_4 与 Y 进行回归分析，结果如表 4-9 所示。

表 4-9　　中国剔除数据后的回归分析

因变量：Y				
方法：Least Squares				
样本年份：1992—2012 年				
观察值：21				
	相关系数	标准差	统计量	概率
C	0.950719	0.073136	12.99924	0.0000
X_1	-0.777938	0.102482	-7.591008	0.0000
X_4	-0.320224	0.044935	-7.126415	0.0000
R^2	0.936744	Mean dependent var		0.172048
调整的 R^2	0.929716	S. D. dependent var		0.036308
S. E. of regression	0.009626	Akaike info criterion		-6.317216
Sum squared resid	0.001668	Schwarz criterion		-6.167999
log likelihood	69.33077	Hannan - Quinn criter.		-6.284832
F 统计量	133.2790	Durbin - Watson stat		0.876287
概率（F 统计量）	0.000000			

参数估计的结果为：$Y=0.950719-0.777938X_1-0.32022X_4$

（2）回归检验分析。第一，拟合优度检验。用 Eviews 得出回归模型参数估计结果的同时，已经给出了用于模型检验的相关数据。

R^2 的值越接近1，说明回归直线对观测值的拟合程度越好；反之，R^2 的值越接近0，说明回归直线对观测值的拟合程度越差。表4－7中的可决系数为0.936744，说明所建模型整体上对样本数据拟合度很好，即解释变量“食物自给率”与“基尼系数”对被解释变量“营养不足发生率”的绝大部分差异做出了解释。

第二，T检验。在显著性水平 $\alpha=0.05$ 的情况下，X_1、X_4 的概率（收尾概率）<0.05，通过了显著性检验。

第三，F检验。由 $F=133.2790$，概率（F统计量）即相伴概率 p 值 $=0.000000<0.05$，说明 X_1、X_4 整体对因变量 Y 产生显著性影响的判断所犯错误的概率仅为0.000000，即回归方程通过了F检验。

（3）对回归分析结果的理论解释。通过对影响中国食物安全的各指标进行回归分析，结果显示：中国食物安全主要受“食物自给率”与“基尼系数”的影响，且食物自给率对食物安全的影响程度高于基尼系数对食物安全的影响程度。基尼系数影响中国食物安全，其内在的逻辑是收入分配差距大，低收入者收入水平低因而食物购买能力低，直接导致食物消费不足，进而造成营养不足。因此，中国要实现食物安全，重点应提高食物产量从而提高食物自给率，同时，采取措施缩小收入分配差距，以保证低收入者能够获取所需要的食物，消除营养不足人口。

2. 印度

关于印度研究变量的数据如表4－10所示。

表4－10　　印度变量数据

年份	Y(%)	X_1(%)	X_2(%)	X_3(百美元)	X_4(%)
1992	23.8	76.18	0.35	3.25	47.06
1993	22.2	78.10	0.34	3.09	47.20
1994	22.4	78.04	0.50	3.55	47.15
1995	22.2	78.26	0.85	3.84	46.88
1996	21.6	79.07	1.31	4.11	45.48
1997	20.5	79.89	1.42	4.27	47.19

续表

年份	$Y(\%)$	$X_1(\%)$	$X_2(\%)$	X_3(百美元)	$X_4(\%)$
1998	19.2	80.82	2.34	4.25	45.95
1999	18.1	82.44	3.25	4.56	45.61
2000	17.3	83.14	3.20	4.57	44.70
2001	17.0	83.75	3.54	4.66	44.95
2002	17.6	80.75	3.07	4.87	44.76
2003	18.7	81.79	3.81	5.65	46.91
2004	20.1	79.32	3.32	6.50	49.06
2005	21.1	78.79	3.13	7.40	49.64
2006	21.4	78.51	2.68	8.30	48.72
2007	20.6	80.87	2.94	10.69	48.95
2008	19.1	81.85	3.87	10.42	49.55
2009	17.4	81.47	5.06	11.47	50.14
2010	16.3	84.07	3.93	14.17	51.63

资料来源：同表4－5。

（1）印度样本数据的回归分析。印度样本数据的回归分析结果如表4－11所示。

表4－11　　印度样本数据的回归分析

因变量：Y				
方法：Least Squares				
样本年份：1992—2010年				
观察值：19				
	相关系数	标准差	统计量	概率
C	0.727673	0.178011	4.087793	0.0011
X_1	－0.692267	0.138755	－4.989130	0.0002
X_2	－0.571918	0.214064	－2.671716	0.0182
X_3	$3.78E-06$	$1.49E-05$	0.254213	0.8030
X_4	0.082753	0.203298	0.407053	0.6901
R^2	0.931319	Mean dependent var		0.198211

续表

	相关系数	标准差	统计量	概率
调整的 R^2	0. 911696	S. D. dependent var		0. 021714
S. E. of regression	0. 006453	Akaike info criterion		-7. 027726
Sum squared resid	0. 000583	Schwarz criterion		-6. 779189
log likelihood	71. 76340	Hannan - Quinn criter		-6. 985664
F统计量	47. 46004	Durbin - Watson stat		2. 043886
概率（F统计量）	0. 000000			

分析：在显著性水平 $\alpha = 0.05$ 的情况下，只有 X_1、X_2 的概率（收尾概率）<0.05，通过了显著性检验。

剔除了 X_3、X_4 再对 X_1、X_2 与 Y 进行回归分析，结果如表 4 - 12 所示。

表 4 - 12　　　　印度剔除数据后的回归分析

因变量：Y				
方法：Least Squares				
样本年份：1992—2010 年				
观察值：19				
	相关系数	标准差	统计量	概率
C	0. 813176	0. 084360	9. 639343	0. 0000
X_1	-0. 752397	0. 109069	-6. 898368	0. 0000
X_2	-0. 398234	0. 170934	-2. 329751	0. 0332
R^2	0. 921001	Mean dependent var		0. 198211
调整的 R^2	0. 911126	S. D. dependent var		0. 021714
S. E. of regression	0. 006473	Akaike info criterion		-7. 098297
Sum squared resid	0. 000670	Schwarz criterion		-6. 949175
log likelihood	70. 43382	Hannan - Quinn criter		-7. 073059
F统计量	93. 26743	Durbin - Watson stat		1. 997430
概率（F统计量）	0. 000000			

参数估计的结果为：$Y = 0.813176 - 0.752397X_1 - 0.398234X_2$。

（2）回归检验分析。第一，拟合优度检验。表 4 - 10 中的可决系数为0.921001，说明所建模型整体上对样本数据拟合度很好，即解释变量“食物自给率”与“食物进口指数”对被解释变量“营养不足发生率”的绝大部分差异做出了解释。

第二，T检验。在显著性水平 $\alpha=0.05$ 的情况下，X_1、X_2 的概率（收尾概率）<0.05，通过了显著性检验。

第三，F检验。由 F=93.26743，概率（F统计量）即相伴概率 p 值 =0.000000<0.05，说明 X_1、X_2 整体对因变量 Y 产生显著性影响的判断所犯错误的概率仅为0.000000，即回归方程通过了F检验。

（3）对回归分析结果的理论解释。通过对影响印度食物安全的各指标进行回归分析，结果显示：印度食物安全主要受“食物自给率”与“食物进口指数”的影响，且食物自给率对食物安全的影响程度高于食物进口指数对食物安全的影响程度。因此，印度要实现食物安全，重点在于提高食物自给率；同时，扩大食物进口。

3. 泰国

关于泰国研究变量的数据如表4－13所示。

表4－13　泰国变量数据

年份	Y(%)	X_1(%)	X_2(%)	X_3(百美元)	X_4(%)
1992	35.70	86.29	19.12	19.33	46.7
1993	33.90	89.68	26.30	21.53	45.75
1994	33.10	87.11	26.74	24.67	44.99
1995	31.00	84.72	21.86	28.49	44.22
1996	31.00	83.42	18.59	30.55	43.44
1997	24.70	94.77	68.45	25.06	43.31
1998	21.50	96.67	105.16	18.37	43.18
1999	19.90	99.75	1658.14	19.90	43.37
2000	19.20	99.09	452.12	19.69	42.76
2001	19.10	103.16	－143.72	18.32	42.32
2002	18.50	99.04	443.46	19..89	42.55
2003	17.60	101.44	－280.16	22.12	42.96
2004	16.30	107.38	－65.92	24.79	43.37

续表

年份	Y(%)	X_1(%)	X_2(%)	X_3(百美元)	X_4(%)
2005	15.00	106.90	-91.12	26.90	43.61
2006	13.40	112.38	-49.80	31.43	43.85
2007	11.70	113.07	-38.77	37.38	42.82
2008	10.40	108.40	-62.49	41.18	41.78
2009	9.80	114.18	-42.45	39.79	40.45
2010	9.40	114.71	-47.39	48.03	40.6
2011	9.20	112.04	-51.35	51.92	39.93

资料来源：同表4-5。

（1）泰国样本数据的回归分析。泰国样本数据的回归分析如表4-14所示。

表4-14　　泰国样本数据的回归分析

因变量：Y				
方法：Least Squares				
样本年份：1992—2010年				
观察值：19				
	相关系数	标准差	统计量	概率
C	0.310233	0.214942	1.443336	0.1709
X_1	-0.681340	0.061742	-11.03535	0.0000
X_2	-0.000729	0.001199	-0.607611	0.5532
X_3	$5.60E-07$	$7.01E-06$	0.079873	0.9375
X_4	1.334712	0.400433	3.333171	0.0049
R^2	0.960797	Mean dependent var		0.206316
调整的R^2	0.949596	S. D. dependent var		0.087128
S. E. of regression	0.019561	Akaike info criterion		-4.809641
Sum squared resid	0.005357	Schwarz criterion		-4.561105
log likelihood	50.69159	Hannan - Quinn criter		-4.767579
F统计量	85.77917	Durbin - Watson stat		2.416769
概率（F统计量）	0.000000			

分析：在显著性水平 $\alpha = 0.05$ 的情况下，只有 X_1、X_4 的概率（收尾概率）<0.05，通过了显著性检验。

剔除了 X_2、X_3，再对 X_1、X_4 与 Y 进行回归分析，结果如表 4－15 所示。

表 4－15　　泰国剔除数据后的回归分析

因变量：Y				
方法：Least Squares				
样本年份：1992—2011 年				
观察值：20				
	相关系数	标准差	统计量	概率
C	0.166490	0.192452	0.865098	0.3990
X_1	－0.629806	0.054687	－11.51666	0.0000
X_4	1.549910	0.344643	4.497143	0.0003
R^2	0.966302	Mean dependent var		0.200200
调整的 R^2	0.962337	S. D. dependent var		0.087763
S. E. of regression	0.017032	Akaike info criterion		－5.169945
Sum squared resid	0.004932	Schwarz criterion		－5.020586
log likelihood	54.69945	Hannan－Quinn criter		－5.140789
F 统计量	243.7370	Durbin－Watson stat		1.640440
概率（F 统计量）	0.000000			

参数估计的结果为：$Y = 0.166490 - 0.629806X_1 + 1.549910X_4$。

（2）回归检验分析。第一，拟合优度检验。表 4－13 中的可决系数为 0.966302，说明所建模型整体上对样本数据拟合度很好，即解释变量"食物自给率"与"基尼系数"对被解释变量"营养不足发生率"的绝大部分差异做出了解释。

第二，T 检验。在显著性水平 $\alpha = 0.05$ 的情况下，X_1、X_4 的概率（收尾概率）<0.05，通过了显著性检验。

第三，F 检验。由 F＝243.7370，概率（F 统计量）即相伴概率 p 值＝0.000000<0.05，说明 X_1、X_4 整体对因变量 Y 产生显著性影响的判断所犯错误的概率仅为 0.000000，即回归方程通过了 F 检验。

（3）对回归分析结果的理论解释。通过对影响泰国食物安全的各指标进行回归分析，结果显示：泰国食物安全主要受“食物自给率”与“基尼系数”的影响，且食物自给率对食物安全的影响程度高于基尼系数对食物安全的影响程度。

自2000年以来，泰国的食物自给率都接近甚至超过100%，但是，泰国影响食物安全的主要因素仍然是食物自给率。对于这一矛盾，通过对泰国历年进出口数据的研究发现，泰国每年实际净出口食物数量均超过其食物产量与安全的食物需要量之差，即食物净出口量超过了剩余量，结果是过量的食物净出口造成国内实际的食物供给不足。所以，尽管泰国食物产量与其食物需要量之比很高甚至超过100%，但是，过量的食物净出口造成国内实际的食物自给率不足，使食物自给率成为影响泰国食物安全的主要因素。泰国要实现食物安全，重点在于适度减少食物出口，要在满足国内食物需要的前提下确定食物出口数量，同时，要采取措施缩小国内收入分配差距。

4. 乌干达

关于乌干达研究变量的数据如表4-16所示。

表4-16 乌干达变量数据

年份	Y(%)	X_1(%)	X_2(%)	X_3(百美元)	X_4(%)
1992	23.2	77.27	1.62	1.52	44.72
1993	24.4	76.48	2.27	1.66	44.2
1994	25.0	75.40	3.43	1.99	43.98
1995	25.5	75.03	4.31	2.78	43.81
1996	26.4	72.48	3.35	2.82	44.01
1997	27.9	70.85	4.56	2.84	44.06
1998	29.4	70.34	4.38	2.89	44.74
1999	30.0	69.97	2.76	2.55	45.57
2000	29.1	70.49	3.07	2.55	46.38
2001	28.4	71.78	1.45	2.33	47.28
2002	28.1	71.81	3.25	2.38	47.45
2003	27.2	72.43	4.26	2.36	47.77
2004	25.3	73.69	7.10	2.86	48.25
2005	22.9	75.90	9.28	3.14	48.35

续表

年份	Y(%)	X_1(%)	X_2(%)	X_3(百美元)	X_4(%)
2006	21.9	76.82	10.58	3.35	48.57
2007	22.2	77.05	10.97	4.00	48.54
2008	23.5	76.72	10.39	4.48	48.27
2009	24.6	75.03	10.02	5.17	47.51
2010	25.1	74.73	8.37	5.53	45.93
2011	24.9	74.85	9.67	5.31	45.14

资料来源：同表4－5。

（1）乌干达样本数据的回归分析。乌干达只有 X_1 通过检验，对 X_1 与 Y 进行一元线性回归分析，结果如表4－17所示。

表4－17　　乌干达样本数据的回归分析

因变量：Y				
方法：Least Squares				
样本年份：1992—2011年				
观察值：20				
	相关系数	标准差	统计量	概率
C	0.964776	0.044593	21.63500	0.0000
X_1	－0.956329	0.060264	－15.86906	0.0000
R^2	0.933291	Mean dependent var		0.257500
调整的 R^2	0.929585	S. D. dependent var		0.024552
S. E. of regression	0.006515	Akaike info criterion		－7.134768
Sum squared resid	0.000764	Schwarz criterion		－7.035195
log likelihood	73.34768	Hannan－Quinn criter		－7.115330
F统计量	251.8270	Durbin－Watson stat		0.868844
概率（F统计量）	0.000000			

参数估计的结果为：$Y=0.964776-0.956329X_1$

（2）回归检验分析。第一，拟合优度检验。表4－15中的可决系数为0.933291，说明所建模型整体上对样本数据拟合度很好，即解释变量“食物自给率”对被解释变量“营养不足发生率”的绝大部分差异做出了解释。

第二，T 检验。在显著性水平 $\alpha=0.05$ 的情况下，X_1 的概率（收尾概率）<0.05，通过了显著性检验。

第三，F 检验。由 F = 251.8270，概率（F 统计量）即相伴概率 p 值 =0.000000 <0.05，说明 X_1 对因变量 Y 产生显著性影响的判断所犯错误的概率仅为 0.000000，即回归方程通过了 F 检验。

（3）对回归分析结果的理论解释。通过对影响乌干达食物安全的各指标进行回归分析，结果显示："食物自给率"是影响乌干达食物安全的最主要因素，影响程度很高。利用不完整的数据对赞比亚的情况进行粗略分析，得出同样的结果。由此可以认为，对于营养不足发生率高的国家（在 1992—2010 年，赞比亚营养不足发生率均在 30% 以上，某些年份甚至超过 50%），食物自给率低是造成其食物不安全的最主要原因。这些国家也应重点从提高食物自给率入手提高其食物安全程度。

五 结论

对中国、印度、泰国、乌干达四国食物安全影响因素的实证分析结果表明，影响各国食物安全的主要因素不完全相同，但食物自给率是影响食物安全的一个共同因素。对于中国来讲，除了食物自给率，影响食物安全的另一个重要因素是基尼系数。

对于影响食物安全的因素，各国的经验及一般的理论分析认为，经济发展水平应该是影响一国食物安全的最重要因素。食物自给率低的高收入国家，比如荷兰、日本、冰岛、韩国等国，营养不足发生率均在 5% 以下，意味着食物安全。营养不足人口主要集中在中低收入国家，收入水平越低的国家营养不足发生率越高。但是，实证分析结果却表明，代表一国经济发展水平的人均 GDP 与营养不足发生率之间没有显著相关关系。对这一结果，有两种可能的解释。

第一种解释：食物自给率是比经济发展水平更根本、更普遍的影响因素，一国经济发展水平可以不高，但是只要其食物自给率高，其食物安全就有保证。世界在实现工业化之前的历史时期，各国收入水平都远低于现在，但并未出现大面积的营养不足人口。那时的食物安全主要是通过食物自给实现的。

第二种解释：研究方法有缺陷。无论何种原因，对这一结果的出现，都有必要进行更深入的研究。

本章小结

国际上反映食物安全状况的指标主要有联合国粮农组织的食物安全整套指标和IFPRI的全球饥饿指数。联合国粮农组织的整套指标由4个维度的30个具体指标构成。全球饥饿指数由3个指标构成，其中两个指标与联合国粮农组织的指标是一致的。本书选取联合国粮农组织的4个指标，同时用全球饥饿指数综合反映中国的食物安全状况。这些指标的数据显示，中国食物不安全但问题不严重。运用多元线性回归方法对影响各国食物安全的因素进行实证分析的结果表明，影响各国食物安全的主要因素不完全相同，但是，食物自给率是影响各国食物安全的一个共同因素。除了食物自给率，影响中国食物安全的另一个重要因素是基尼系数。

第五章　中国粮食数量安全状况预测

人无远虑必有近忧。预测未来中国粮食安全状况，对于国家预先采取应对策略具有重要意义。充足的粮食供给是粮食安全的基础。中国的粮食供给来源于自身生产和进口，未来的粮食供给量自然是取决于自身产量和进口量两个方面。通过预测中国未来人均粮食产量和世界人均粮食产量及粮食价格走势，预测中国未来的粮食安全状况。

第一节　中国人均粮食产量预测与分析

在分别预测粮食产量和人口数量的基础上，预测中国未来人均粮食产量。

对中国粮食产量和人口数量进行预测的文献很多，预测方法主要有BP神经网络、灰色预测模型和Logistic模型等。根据粮食产量和人口数量变化的特点，本书分别运用两种方法对粮食产量和人口数量进行预测，从中选出拟合效果好的方法预测中国未来人均粮食产量。

一　中国粮食产量预测

（一）基于灰色GM（1，1）模型的粮食产量预测

门可佩等（2009）、杨克磊等（2015）多位学者运用灰色预测GM（1，1）模型对中国未来粮食产量进行了预测。本书也运用同样的方法对2016—2030年中国粮食产量进行了预测。

灰色系统理论是把研究的问题当成小的灰色系统来处理，而粮产的制约因素恰好存在确定的、不确定的、可度量的、不可度量的。因此在短期内，用灰色预测模型预测粮食产量。

解决粮食产量预测不用考虑制约粮产的诸多因素，于是采用GM（1，1）模型，GM（1，1）是一阶微分方程，且只含有1个变量的灰

色模型。

1. 数据的检验与处理

检验模型的可行性，首先对模型进行数据检验处理。设参数数据为：

$$x^{(0)}=(x^{(0)}(1),\ x^{(0)}(2),\ \cdots,\ x^{(0)}(n)) \tag{5-1}$$

级比公式

$$\lambda(k)=\frac{x^{(0)}(k-1)}{x^{(0)}(k)},\ k=2,\ 3,\ \cdots,\ n \tag{5-2}$$

经计算得到所有的级比 $\lambda(k)$ 都落在可容覆盖 $\Theta=(e^{-\frac{2}{n+1}},\ e^{\frac{2}{n+2}})$ 内，则序列 $x^{(0)}$ 可以作为GM(1, 1)的数据进行灰色预测。若不符合，需要对序列进行必要的变换，即添加适当的常数 c，使得

$$y^{(0)}(k)=x^{(0)}(k)+c,\ k=1,\ 2,\ \cdots,\ n \tag{5-3}$$

使序列 $y^{(0)}=(y^{(0)}(1),\ y^{(0)}(2),\ \cdots,\ y^{(0)}(n))$ 的级比

$$\lambda_y(k)=\frac{y^{(0)}(k-1)}{y^{(0)}(k)}\in\Theta,\ k=2,\ 3,\ \cdots,\ n \tag{5-4}$$

进行级比检验。选取2008—2013年的粮产数据，建立粮食产量时间序列：

$x^{(0)}=(x^{(0)}(1),\ x^{(0)}(2),\ \cdots,\ x^{(6)}(6))=(52871,\ 53082,\ 54648,\ 57121,\ 58958,\ 60194)$

计算级比 $\lambda(k)$

进行级比判断：

$\lambda(k)=(0.9960,\ 0.9713,\ 0.9567,\ 0.9688,\ 0.9795)$

由于所有的 $\lambda(k)\in[0.752,\ 1.330]$，$k=2,\ \cdots,\ 6$，故可用 $x^{(0)}$ 进行GM(1, 1)建模。

2. GM(1, 1) 建模

(1) 建立灰微分方程：

$$x^{(0)}(k)+az^{(1)}(k)=b,\ k=2,\ 3,\ \cdots,\ n \tag{5-5}$$

将其转化成白化微分方程得到：

$$\frac{dx^{(1)}}{dt}+ax^{(1)}(t)=b \tag{5-6}$$

记 $u=[a,\ b]^T$

对原始数据 $x^{(0)}$ 进行一次累加得到：

$x^{(1)}=(52871,\ 105953,\ 160601,\ 217722,\ 276680,\ 337594)$

其均值生成序列：

$$z^{(1)}=(z^{(1)}(2),\ z^{(1)}(3),\ \cdots,\ z^{(1)}(n)) \tag{5-7}$$

$$z^{(1)}(k)=0.5x^{(1)}(k)+0.5x^{(1)}(k-1),\ k=2,\ 3,\ \cdots,\ n \tag{5-8}$$

构造数据矩阵 B 及数据向量 Y：

$$B=\begin{bmatrix}-z^{(1)}\ (2) & 1\\ -z^{(1)}\ (3) & 1\\ \vdots & \vdots\\ -z^{(1)}\ (6) & 1\end{bmatrix}\quad Y=\begin{bmatrix}x^{(0)}\ (2)\\ x^{(0)}\ (3)\\ \vdots\\ x^{(0)}\ (5)\end{bmatrix} \tag{5-9}$$

最小二乘法求解：

$$J(u)=(Y-Bu)^{T}(Y-Bu) \tag{5-10}$$

达到最小值的 u 的估计值为：

$$\hat{u}=\begin{bmatrix}\hat{a}\\ \hat{b}\end{bmatrix}=(B^{T}B)^{-1}B^{T}Y=\begin{bmatrix}-0.0325423\\ 50579.6\end{bmatrix} \tag{5-11}$$

求出白化微分方程得：

$$x^{(1)}(\hat{k}+1)=\left(x^{(0)}(1)-\frac{\hat{b}}{\hat{a}}\right)e^{-\hat{a}k}+\frac{\hat{b}}{\hat{a}}=1607144.0e^{0.0325423t}-1554277.0 \tag{5-12}$$

求生成序列预测值：

由公式（5-12）的时间响应函数可计算 $\hat{x}^{(1)}$ 取 $\hat{x}^{(1)}(1)=\hat{x}^{(0)}(1)=x^{(0)}(1)=52871$

$$\hat{x}^{(0)}(k+1)=\hat{x}^{(1)}(k+1)-\hat{x}^{(1)}(k),\ k=1,\ 2,\ 3,\ 4,\ 5 \tag{5-13}$$

$\hat{x}^{(0)}=(\hat{x}^{(0)}(1),\ \hat{x}^{(0)}(2),\ \cdots,\ \hat{x}^{(0)}(6))=(52871,\ 106031,\ 160950,\ 217686,\ 276298,\ 336849)$

（2）模型检验—级比残差值检验。级比偏差值的计算公式：

$$\rho(k)=1-\left(\frac{1-0.5a}{1+0.5a}\right)\lambda(k) \tag{5-14}$$

$\rho(k)$是度量 GM(1，1)模型可行性的指标：若 $\rho(k)<0.2$，则认为达到一般要求；若 $\rho(k)<0.1$，则认为达到较高要求。表 5-1 显示，该模型的级比残差 $\rho(k)<0.2$，达到要求，可以运用 GM(1，1) 进行粮食产量预测。

表5－1　　GM（1，1）模型检验表

序号	年份	原始值	预测值	相对误差	级比偏差
1	2008	52871	52871	0	
2	2009	53082	53160	0.0015	－0.0290
3	2010	54648	54919	0.0050	－0.0035
4	2011	57121	56736	0.0067	0.0116
5	2012	58958	58612	0.0059	－0.0009
6	2013	60194	60551	0.0059	－0.0119

3. 预测结果

中国未来粮食产量预测结果如表5－2所示。

表5－2　　基于灰色GM（1，1）模型的中国粮食产量预测值　　单位：万吨

年份	粮食产量	年份	粮食产量
2016	66760	2024	86610
2017	68970	2025	89480
2018	71250	2026	92440
2019	73610	2027	95500
2020	76040	2028	98650
2021	78560	2029	101920
2022	81160	2030	105290
2023	83840	—	—

表5－2显示，中国未来粮食产量呈现显著单调递增趋势，这显然与粮食产量变动的实际情况不符。出现这一问题的原因在于，灰色预测GM（1，1）模型适于处理指数增长序列，由其预测的结果也具有指数增长的特征。因为这一不足，本书放弃灰色预测GM(1，1）模型预测的结果，而用BP神经网络对中国未来粮食产量进行预测。

（二）基于BP神经网络的中国粮食产量预测

BP神经网络即误差回传神经网络，它是一种无反馈的前向网络，网络中的神经元分层排列。除有输入层、输出层之外，还至少有一层隐蔽层。神经网络通过链接相连，每个链接都有权重。权重是神经网络的基本形式，人工神经元正是通过不断调整这些权重进行学习。神经网络的建立

过程：首先选择框架，其次决定使用什么样的学习算法，最后是训练神经网络，也就是初始化网络的权重，通过一系列的训练改变权重的值。BP神经网络的计算关键在于学习过程，此过程是通过使一个目标函数最小化来完成的。BP神经网络把一组样本的I/O问题变成一个非线性问题，使用了优化中最普通的梯度下降法，用迭代运算求解权值，使系统误差达到运算要求的程度；通过若干个简单非线性处理单元的复合映射，在面对复杂的非线性问题时有较强的处理能力。鉴于中国过去几十年粮食产量呈非线性变化的事实，利用BP神经网络预测粮食产量将避免灰色预测GM(1，1）模型的不足。

1. BP神经网络的计算

(1) BP网络公式的推导过程。BP网络有很多层，该模型中为三层神经网络，输入神经元以i为编号，隐蔽层神经元以j为编号，输出层神经元以k为编号，隐蔽层第j个神经元的输入为：

$$net_j = \sum_i \omega_{ji} o_i \tag{5-15}$$

第j个神经元的输出为：

$$o_j = g(net_j) \tag{5-16}$$

输出层第k个神经元的输入为：

$$net_k = \sum_j \omega_{kj} o_j \tag{5-17}$$

输出为：

$$o_k = g(net_k) \tag{5-18}$$

式中，g函数有：

$$g(x) = \frac{1}{1 + e^{-(x+\theta)}} \tag{5-19}$$

式中，θ为阈值或偏置值。$\theta > 0$则使S曲线沿横坐标左移；反之则右移。故得到各神经元的输出应为：

$$o_j = 1/\{1 + [-(\sum_i \omega_{ji} o_i + \theta_j)]\} \tag{5-20}$$

$$o_k = 1/\{1 + [-(\sum_j \omega_{kj} o_j + \theta_k)]\} \tag{5-21}$$

(2) BP神经网络的计算方法——梯度下降法。BP神经网络的误差反向传播过程是通过使一个目标函数（实际输出与希望输出之间的误差平方和）最小化来完成的，利用梯度下降法导出计算公式，在该过程中，设第k

个输出神经元的希望输出为 t_{pk}，而网络输出为 o_{pk}，则系统平均误差为：

$$E = \frac{1}{2p}\sum_{p}\sum_{k}(t_{pk} - o_{pk})^2 \tag{5-22}$$

略去下标 p，可变成：

$$E = \frac{1}{2}\sum_{k}(t_k - o_k)^2 \tag{5-23}$$

E 为目标函数。根据梯度下降法，权值的变化项 $\Delta\omega_{kj}$ 与 $\partial E/\partial\omega_{kj}$ 成正比，即

$$\Delta\omega_{kj} = -\eta\frac{\partial E}{\partial\omega_{kj}} \tag{5-24}$$

由公式（5-21）和公式（5-23）得到：

$$\Delta\omega_{kj} = -\eta\frac{\partial E}{\partial\omega_{kj}} = \eta\left(-\frac{\partial E}{\partial net_k}\right)\frac{\partial net_k}{\partial\omega_{kj}} = \eta\left(-\frac{\partial E}{\partial o_k}\right)\frac{\partial o_k}{\partial net_k}\frac{\partial net_k}{\partial\omega_{kj}} = \eta(t_k - o_k)o_k(1 - o_k)o_j \tag{5-25}$$

记：

$$\delta_k = \left(-\frac{\partial E}{\partial net_k}\right) = (t_k - o_k)o_k(1 - o_k) \tag{5-26}$$

对于隐层神经元，也可写成：

$$\Delta\omega_{ji} = -\eta\frac{\partial E}{\partial\omega_{ji}} = -\eta\frac{\partial E}{\partial o_j}\frac{\partial o_j}{\partial net_j}\frac{\partial net_j}{\partial\omega_{ji}} = -\eta\frac{\partial E}{\partial o_j}o_j(1 - o_j)o_i \tag{5-27}$$

记：

$$\delta_j = -\frac{\partial E}{\partial o_j}o_j(1 - o_j) \tag{5-28}$$

由于 $\frac{\partial E}{\partial o_j}$ 不能直接进行计算，只是以参数的形式表示，即：

$$-\frac{\partial E}{\partial o_j} = -\sum_k\frac{\partial E}{\partial net_k}\frac{\partial net}{\partial o_j} = \sum_k\left(-\frac{\partial E}{\partial net_k}\right)\left(\frac{\partial\left(\sum_j\omega_{kj}o_j\right)}{\partial o_j}\right) \tag{5-29}$$

$$\sum_k\left(-\frac{\partial E}{\partial net_k}\right)w_{kj} = \sum_k S_k w_{kj}$$

则导出各个权重系数的调整量（其中 η 为学习率）：

$$\Delta\omega_{kj} = \eta(t_k - o_k)o_k(1 - o_k)o_j \tag{5-30}$$

$$\Delta\omega_{ji} = \eta\delta_j o_i \tag{5-31}$$

$$\delta_j = o_j(1 - o_j)\sum_k\delta_k\omega_{kj}, \delta_k = (t_k - o_k)o_k(1 - o_k) \tag{5-32}$$

网络的学习期是经过多次正向计算输出、反向传播误差的迭代过程，来减少系统误差的，重复过程将收敛得到一组稳定的权值。参数 η 的选择不同，学习率 η 越大，权值的改变量也越大，能够加快网络的训练过程，但结果可能产生震荡，为了在增大学习率的同时不至于产生震荡，可以增加一个动量项，即：

$$\Delta\omega_{ji}(n+1)=\eta\delta_j o_i+\alpha\Delta\omega_{ji}(n) \tag{5-33}$$

其中，$(n+1)$表示第 $n+1$ 次迭代；α 为比例常数，该式子中第 $n+1$ 次迭代 w_{ji} 的变化部分类似于第 n 次迭代中的变化，保留了一些惯性。我们可以通过设置动量项来抑制震荡的发生。

（3）BP 神经网络的检验。误差的平方和是衡量网络性能的重要指标。如果误差传送通过全部训练后，误差的平方和或者周期达到足够小，就认为网络是收敛的，神经网络训练图可以显示学习的速度。

2. 粮食产量预测值

（1）BP 神经网络拟合粮食产量效果。运用 BP 神经网络拟合粮食产量效果如图 5－1 所示。

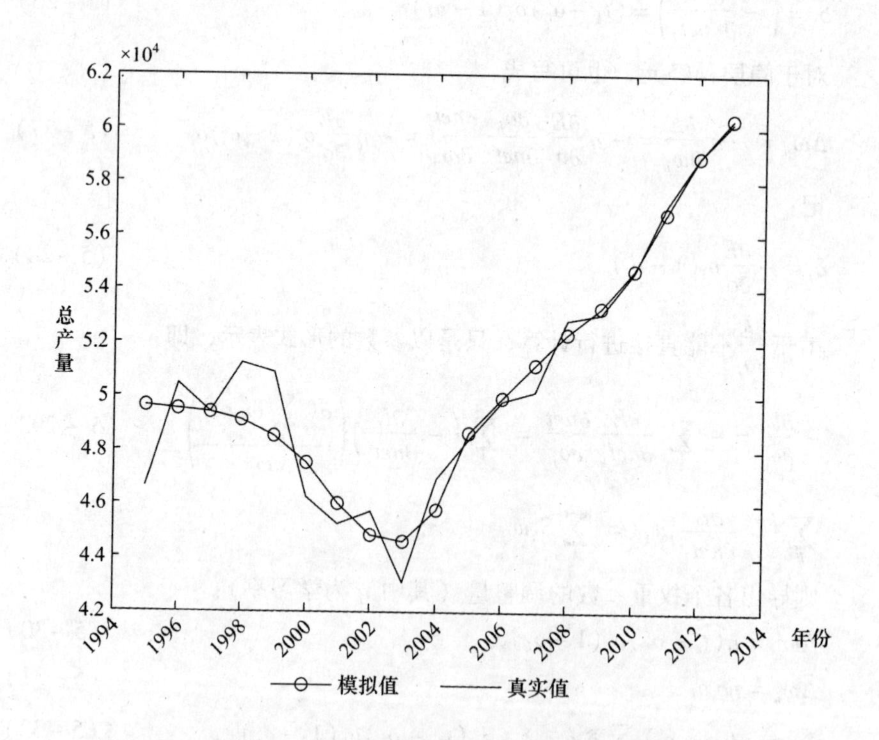

图 5－1　BP 神经网络拟合中国粮食产量效果

图5－1表明，粮食产量的真实值和模拟值的拟合效果很好，采用BP神经网络预测粮食总产量是合理的。

（2）2016—2030年中国粮食产量预测值。中国粮食产量预测值及增长率如表5－3所示。

表5－3　　中国粮食产量预测值及增长率

年份	产量（万吨）	增长率（%）	年份	产量（万吨）	增长率（%）
2016	61875	—	2024	62129	0.0064
2017	61986	0.1794	2025	62132	0.0048
2018	62042	0.0903	2026	62134	0.0032
2019	62076	0.0548	2027	62136	0.0032
2020	62097	0.0338	2028	62136	0.0000
2021	62110	0.0209	2029	62137	0.0016
2022	62119	0.0145	2030	62137	0.0000
2023	62125	0.0097	—	—	—

二　中国人口数量预测

沈巍（2015）等将人口预测方法分为两大类：一种是以统计学原理为基础的传统的人口预测方法；另一种是以神经网络等智能算法为基础的创新型智能预测方法。本书分别选用两类方法中有代表性的方法Logistic阻滞增长模型和灰色预测DGM（2，1）模型对中国人口数量进行预测。

（一）基于Logistic阻滞增长模型的中国人口数量预测

1. 模型设计

Logistic模型原理：人口增长受自然资源、环境条件的制约，在人口增长到一定数量时增长速度减慢，当达到自然资源与环境条件所能容纳的最大人口数目时增长速度为0。据此建立人口增长率和人口数量的函数表达式：设人口增长率r为常数，人口增长达到一定数目以后，人口增长率r会随着人数的增加而减少，将人口增长率r表示为人口数量$x(t)$的函数$r(x)$，假设满足线性关系：

$$r(x)=r-sx \tag{5-34}$$

当$x=x_m$时，增长率$r(x_m)=0$，从而得到：

$$\begin{cases}\dfrac{dx}{dt}=r\left(1-\dfrac{x}{x_m}\right)x \\ x(t_0)=x_0\end{cases} \tag{5-35}$$

故可得 Logistic 方程：

$$x(t)=\frac{x_m}{1+\left(\dfrac{x_m}{x_0}-1\right)e^{-r(t-t_0)}} \tag{5-36}$$

2. 线性最小二乘法求解

将 1976 年看成初始时刻 $t=0$，则 1977 年为 $t=1$，依此类推得 2013 年对应的时刻为 $t=37$，利用 Logistic 方程结合表中的 1976—2013 年的中国人口数据进行线性拟合得到：$x_m=15.6180$，$r=0.0139$。

检验曲线拟合程度的一个指标可决系数：

$$R^2=1-\frac{\sum_{i=1}^{s}(y_i-\hat{y}_i)^2}{\sum_{i=1}^{s}(y_i-\overline{y})^2} \tag{5-37}$$

Matlab 结果得到：$R^2=0.9840$，故用阻滞增长模型预测中国未来人口数量的精确度很高。曲线拟合效果如图 5－2 所示。

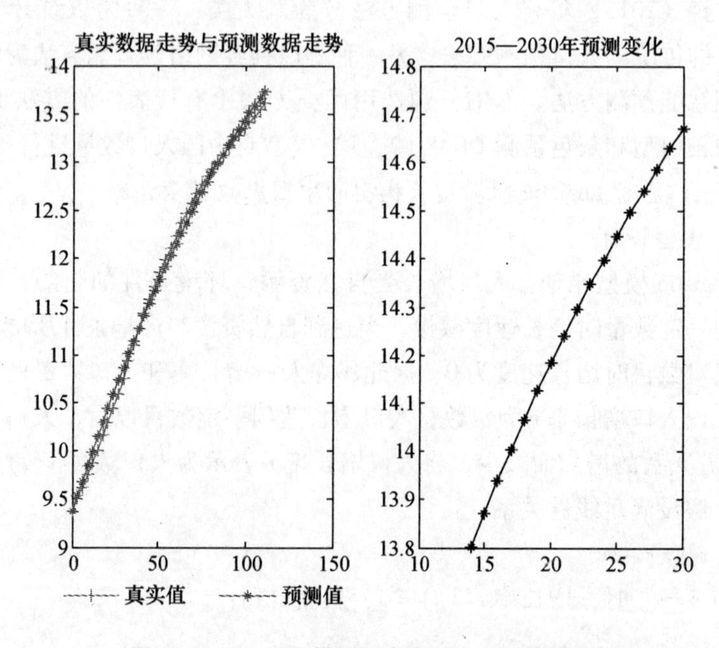

图 5－2 Logistic 模型拟合中国人口数量效果

拟合结果表明，运用 Logistic 阻滞增长模型预测中国人口数量是合理的，从而2016年的人口数据为：

$$x(2016)=\frac{15.6180}{1+\left(\frac{15.6180}{9.37717}-1\right)e^{-0.0139(2016-1976)}}$$

依此类推得到2017—2030年的人口预测值。

（二）基于 DGM（2，1）模型的人口预测

由于 GM（1，1）适用于有较强指数规律的序列，只能描述单调的变化过程。对于非单调的摆动发展序列，需要建立 GM（2，1）模型。DGM 模型是针对 GM 的稳定性不足，误差较大时做的改进，DGM 是离散的二维灰色预测模型，是一种更加精确的模型。鉴于中国的人口增长呈现“S”形增长模式，故采用灰色预测模型中的 DGM（2，1）模型预测人口。

设原始序列 $x^{(0)}=(x^{(0)}(1),\ x^{(0)}(2),\ \cdots,\ x^{(0)}(n))$，其中，1 - AGO 序列 $x^{(1)}$ 和 1 - IAGO 序列 $\alpha^{(1)}x^{(0)}$ 分别为：

$$x^{(1)}=(x^{(1)}(1),\ x^{(1)}(2),\ \cdots,\ x^{(1)}(n)) \tag{5-38}$$

$$\alpha^{(1)}x^{(0)}=(\alpha^{(1)}x^{(0)}(2),\ \cdots,\ \alpha^{(1)}x^{(0)}(n)) \tag{5-39}$$

则称

$$\alpha^{(1)}x^{(0)}(k)+ax^{(0)}(k)=b \tag{5-40}$$

为 DGM（2，1）模型。

（1）DGM（2，1）模型方程的白化：

$$\frac{d^2x^{(1)}}{dt}+a\frac{dx^{(1)}}{dt}=b \tag{5-41}$$

最小二乘法估计参数：

设 $u=[a,\ b]^T$ 为参数，则定义：

$$B=\begin{bmatrix}-x^{(0)}(2) & 1\\ -x^{(0)}(3) & 1\\ \cdots & \cdots\\ -x^{(1)}(n) & 1\end{bmatrix},\ Y=\begin{bmatrix}\alpha^{(1)}x^{(0)}(2)\\ \alpha^{(1)}x^{(0)}(3)\\ \cdots\\ \alpha^{(1)}x^{(0)}(n)\end{bmatrix}$$

从而 $\alpha^{(1)}x^{(0)}(k)+ax^{(0)}(k)=b$ 的最小二乘估计为：

$$\hat{u}=[\hat{a},\ \hat{b}]=(B^TB)^{-1}B^TY \tag{5-42}$$

（2）白化方程的求解。白化方程的时间响应函数为：

$$\hat{x}^{(1)}(t)=\left(\frac{\hat{b}}{\hat{a}^{(2)}}-\frac{x^{(0)}(1)}{\hat{a}}\right)e^{-\hat{a}t}+\frac{\hat{b}}{\hat{a}}t+\frac{1+\hat{a}}{\hat{a}}x^{(0)}(1)-\frac{\hat{b}}{\hat{a}^{(2)}} \tag{5-43}$$

白化方程的时间响应序列为：

$$\hat{x}^{(1)}(k+1)=\left(\frac{\hat{b}}{\hat{a}^{2}}-\frac{x^{(0)}(1)}{\hat{a}}\right)e^{-\hat{a}k}+\frac{\hat{b}}{\hat{a}}k+\frac{1+\hat{a}}{\hat{a}}x^{(0)}(1)-\frac{\hat{b}}{\hat{a}} \tag{5-44}$$

还原值为：

$$\hat{x}^{(0)}(k+1)=\alpha^{(1)}\hat{x}^{(1)}(k+1)=\hat{x}^{(1)}(k+1)-\hat{x}^{(1)}(k) \tag{5-45}$$

DMG（2，1）模型运行效果见图5－3。

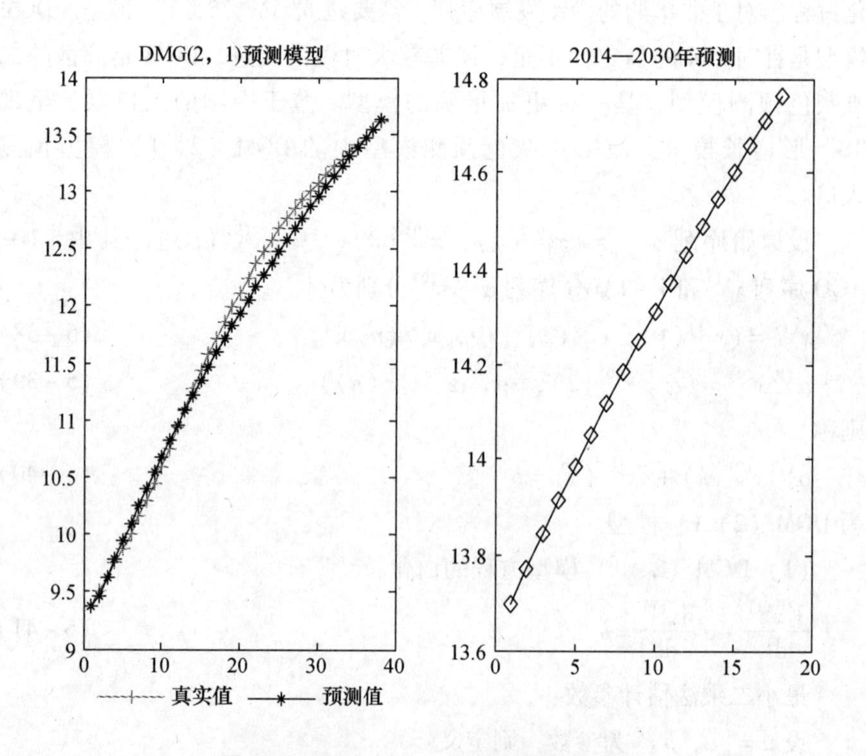

图5－3　DGM（2，1）模型效果拟合图

图5－3表明，人口曲线拟合真实值和预测值较逼近，利用DGM（2，1）模型预测人口是合理的。

（三）Logistic阻滞增长模型和灰色预测DGM（2，1）模型拟合效果对比

运用Logistic阻滞增长模型和灰色预测DGM（2，1）模型进行人口预测的拟合效果对比情况如图5－4和表5－4所示。

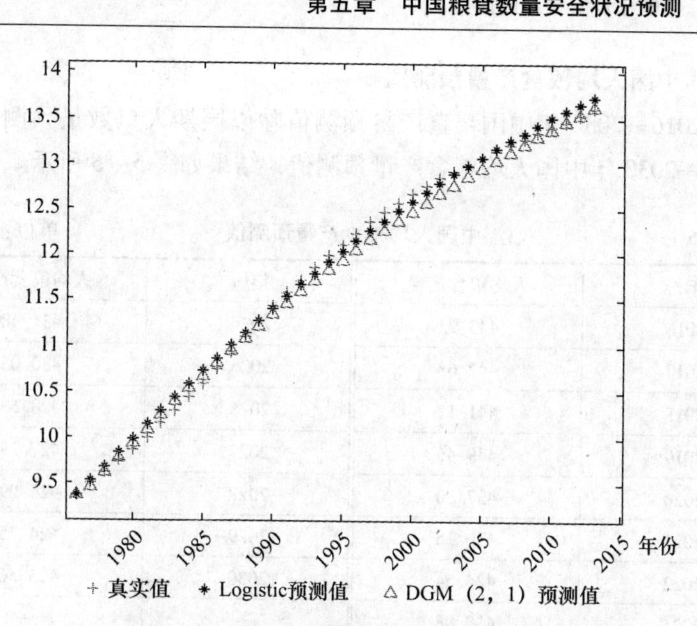

图 5－4　两种模型下的曲线拟合效果对比

表 5－4　两种方法拟合误差对比

模型	平均残差	平均相对误差
Logistic 模型	0.0242	0.0024
DGM（2，1）模型	0.0635	0.4859

综合图 5－4 和表 5－4 发现，Logistic 模型的拟合效果更好，残差比更小。因此，运用 Logistic 模型进行中国人口数量预测，结果如表 5－5 所示。

表 5－5　中国人口数量预测值及增长率

年份	人口数量(亿)	增长率(%)	年份	人口数量(亿)	增长率(%)
2016	13.9379	—	2024	14.3991	0.36
2017	14.0025	0.46	2025	14.4484	0.34
2018	14.0650	0.45	2026	14.4960	0.33
2019	14.1255	0.43	2027	14.5420	0.32
2020	14.1840	0.41	2028	14.5863	0.30
2021	14.2406	0.40	2029	14.6291	0.29
2022	14.2952	0.38	2030	14.6703	0.28
2023	14.3481	0.37	—	—	—

三 中国人均粮食产量预测值

用2016—2030年中国粮食产量预测值除以同期人口数量预测值，即得2016—2030年中国人均粮食产量预测值，结果如表5-6所示。

表5-6 中国人均粮食产量预测值 单位：公斤

年份	人均粮食产量	年份	人均粮食产量
2016	443.93	2024	431.48
2017	442.68	2025	430.03
2018	441.11	2026	428.63
2019	439.46	2027	427.29
2020	437.80	2028	425.99
2021	436.15	2029	424.75
2022	434.54	2030	423.56
2023	432.98	—	—

四 中国2016—2030年粮食数量安全状况分析

对比未来人均粮食产量预测值与过去实际人均粮食产量，可以发现，在2016—2030年，中国人均粮食产量预测值与过去人均粮食产量大致持平。虽然由于未来人口的增长速度快于同期粮食产量的增长速度，中国人均粮食产量呈缓慢下降趋势，但人均粮食产量仍明显高于2010年以前的水平，并且仍明显高于安全的食用粮食需要量。所以，在粮食净进口数量和结构不发生明显恶化的条件下，未来15年中国的粮食数量是安全的。

第二节 中国粮食进口形势预测与分析

在假定世界没有破坏粮食生产的重大自然灾害及世界政治局势稳定的条件下，中国能否进口到粮食、能进口多少粮食主要取决于世界粮食产量及价格。通过预测世界粮食产量和粮食价格走势，可以大致判断中国未来粮食进口形势，进而判断中国未来粮食安全形势。

一 世界人均粮食产量预测

（一）世界人口数量

FAO预测了未来世界人口数量，如表5-7所示。

表 5-7　　世界人口数量及增长率

年份	人口（千人）	增长率（%）	年份	人口（千人）	增长率（%）
2016	7404984	—	2024	8012144	0.91
2017	7484320	1.07	2025	8083409	0.89
2018	7562761	1.05	2026	8153679	0.87
2019	7640246	1.02	2027	8222932	0.85
2020	7716743	1.00	2028	8291188	0.83
2021	7792205	0.98	2029	8358521	0.81
2022	7866582	0.95	2030	8424939	0.79
2023	7939876	0.93	—	—	—

资料来源：FAOSTAT：Population/Annual population. http：//faostat3. fao. org/download/O/OA/E。

（二）基于 BP 神经网络的世界粮食产量预测

1. BP 神经网络拟合世界粮食产量效果

运用 BP 神经网络拟合世界粮食产量效果如图 5-5 所示。

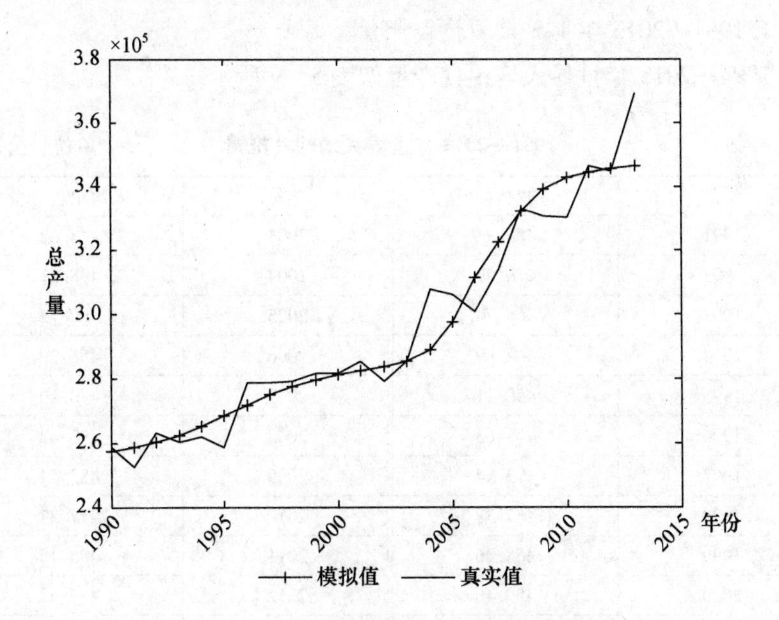

图 5-5　BP 神经网络拟合世界粮食产量效果

图 5-5 显示，粮食产量的真实值和模拟值的拟合效果较好，可以采用 BP 神经网络预测世界粮食产量。

2. 世界粮食产量预测值

运用BP神经网络预测2016—2030年世界粮食产量结果如表5-8所示。

表5-8　世界粮食产量预测值及增长率

年份	产量（万吨）	增长率（%）	年份	产量（万吨）	增长率（%）
2016	376960	—	2024	381190	0.03
2017	378400	0.38	2025	381270	0.02
2018	379340	0.25	2026	381340	0.02
2019	379960	0.16	2027	381390	0.01
2020	380390	0.11	2028	381190	-0.05
2021	380700	0.08	2029	381270	0.02
2022	380910	0.06	2030	381340	0.02
2023	381070	0.04	—	—	—

（三）世界人均粮食产量

1. 1991—2013年世界人均粮食产量

1991—2013年世界人均粮食产量如表5-9所示。

表5-9　1991—2013年世界人均粮食产量　单位：公斤

年份	人均粮食产量	年份	人均粮食产量
1991	466.78	2003	448.62
1992	478.92	2004	478.21
1993	466.74	2005	469.72
1994	462.89	2006	456.26
1995	450.11	2007	470.40
1996	478.63	2008	493.42
1997	472.54	2009	483.54
1998	467.38	2010	477.37
1999	465.26	2011	495.15
2000	459.46	2012	487.42
2001	459.83	2013	515.68
2002	444.06	—	—

资料来源：根据FAOSTAT：Production/Crops，http：//faostat3.fao.org/download/Q/QC/E；Population/Annual population. http：//faostat3.fao.org/download/O/OA/E相关数据计算而得。

2. 2016—2030 年世界人均粮食产量预测值

用表 5－8 的世界粮食产量预测值除以表 5－7 的世界人口数量，得到 2016—2030 年世界人均粮食产量的预测值，如表 5－10 所示。

表 5－10　　2016—2030 年世界人均粮食产量预测值　　单位：公斤

年份	人均粮食产量	年份	人均粮食产量
2016	509.06	2024	475.77
2017	505.59	2025	471.67
2018	501.59	2026	467.69
2019	497.31	2027	463.81
2020	492.94	2028	459.75
2021	488.57	2029	456.15
2022	484.21	2030	452.63
2023	479.94	—	—

由于世界人口增长率快于同期粮食产量增长率，所以，2016—2030 年世界人均粮食产量呈现缓慢下降趋势。未来世界人均粮食产量将略低于目前的水平。在没有农业技术革命以大幅提高世界粮食产量的条件下，未来世界人均粮食产量不会有大幅提高，基本维持与现阶段大致相当的水平。这意味着，从数量角度讲，未来世界为中国提供粮食的能力没有改变，中国从世界进口粮食的形势没有改善。

二　世界消费者食物价格预测①

进行价格预测的方法有许多，既有传统的计量经济方法和统计分析方法，也有现代预测方法。范晓（2014）对多种价格预测方法的效果进行了比较研究，认为，组合预测方法的效果总体上要优于单一预测方法，但并非绝对，各种预测方法都有其优缺点，应充分运用每种方法的优势解决实际问题。孙超、孟军（2011）在研究中对粮食价格预测方法进行了比较，认为基于支持向量机的价格预测精度最高。但由于本书研究的样本数较少，仅有 FAOSTAT 提供的 2000—2014 年 15 个世界消费者食物价格指

① 联合国粮农组织只提供了“Consumer Prices，Food Indices（2000＝100）”即消费者食物价格指数，没有粮食价格指数。本书用消费者食物价格变动情况反映消费者粮食价格变动情况。因为粮食是食物的重要内容，粮食价格变动情况与食物价格变动情况是一致的。

数数据，所以，本书在试用几种预测方法后，选择了拟合效果最好的二次指数平滑法对2016—2030年世界消费者食物价格指数进行预测。

（一）2000—2014年世界消费者食物价格指数

以2000年为基期的世界消费者食物价格指数如表5－11所示。

表5－11　　世界消费者食物价格指数（2000年＝100）

年份	指数值	年份	指数值
2000	99.9	2008	165.4
2001	103.6	2009	176.1
2002	108.4	2010	189.2
2003	114.6	2011	205.3
2004	122.0	2012	217.9
2005	128.0	2013	233.6
2006	135.2	2014	245.8
2007	145.6	—	—

资料来源：FAOSTAT：/Prices/Consumer Price Indices，http：//faostat3. fao. org/download/P/CP/E.

（二）预测模型及其拟合效果

1. 预测模型的建立

$$Y_{t+T} = a_t + b_t T$$

其中，Y_{t+T}为$t+T$期预测值；T为预测的期数；a_t、b_t分别为模型参数。

$$a_t = 2S_t^{(1)} - S_t^{(2)}$$

$$b_t = \frac{a}{1-a}(S_t^{(1)} - S_t^{(2)})$$

2. 拟合效果

用二次指数平滑法预测世界消费者食物指数的拟合效果如表5－12和图5－6所示。

图5－6显示，预测值对实际值模拟效果相当好。运用二次指数平滑法预测世界消费者食物价格指数是可行的。

表 5-12　　　二次指数平滑法拟合世界消费者食物价格指数

年份	t	Y_t	$St^{(1)}$	$St^{(2)}$	a_t	b_t	$Y_{t+1}=a_t+b_t$
2000	1	99.9	99.9	99.9	99.9	0.0	
2001	2	103.6	102.9	102.3	103.5	2.4	99.9
2002	3	108.4	107.3	106.3	108.3	4.0	105.8
2003	4	114.6	113.1	111.8	114.5	5.5	112.3
2004	5	122.0	120.2	118.5	121.9	6.8	120.0
2005	6	128.0	126.4	124.9	128.0	6.3	128.7
2006	7	135.2	133.4	131.7	135.2	6.9	134.4
2007	8	145.6	143.2	140.9	145.5	9.2	142.0
2008	9	165.4	161.0	156.9	165.0	16.1	154.6
2009	10	176.1	173.1	169.8	176.3	12.9	181.0
2010	11	189.2	186.0	182.7	189.2	12.9	189.2
2011	12	205.3	201.4	197.7	205.2	14.9	202.1
2012	13	217.9	214.6	211.2	218.0	13.5	220.1
2013	14	233.6	229.8	226.1	233.5	14.9	231.5
2014	15	245.8	242.6	239.3	245.9	13.2	248.4

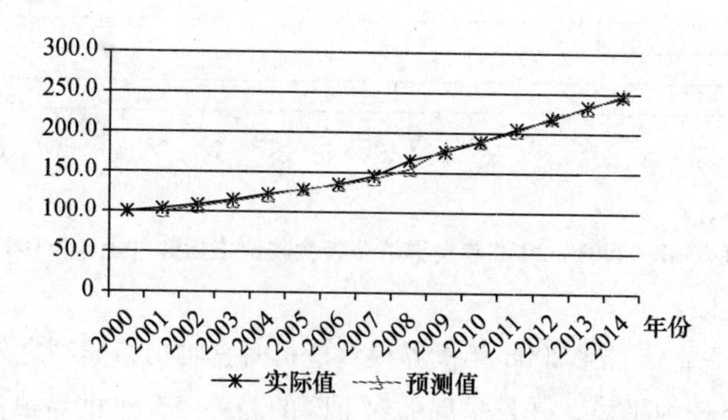

图 5-6　二次指数平滑法拟合世界消费者食物价格指数效果

（三）世界消费者食物价格指数预测值

用二次指数平滑法预测 2016—2030 年世界消费者食物价格指数如表 5-13 所示。

表 5－13　世界消费者食物价格指数预测值（2000 年＝100）

年份	预测值	年份	预测值
2016	272.3	2024	378.0
2017	285.5	2025	391.2
2018	298.7	2026	404.4
2019	312.0	2027	417.7
2020	325.2	2028	430.9
2021	338.4	2029	444.1
2022	351.6	2030	457.3
2023	364.8	—	—

（四）2001—2030 年世界消费者食物价格指数走势

将定基的世界消费者食物价格指数实际值及预测值转化为环比指数，描绘 2001—2030 年的世界消费者食物价格指数走势如图 5－7 所示。

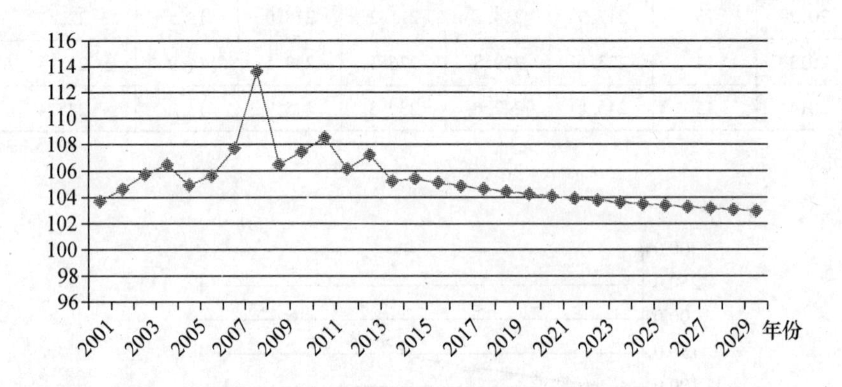

图 5－7　2001—2030 年世界消费者食物价格指数（上年＝100）

图 5－7 显示，除 2008 年世界粮食危机时食物价格畸高之外，其余年份食物价格较为平稳，并且呈现涨幅下降的趋势。未来世界粮食价格涨幅与过去世界通货膨胀水平大致相当，没有大幅波动，在完全可以接受的范围内。这表明，未来中国进口粮食，不会受到来自价格的较大冲击。

三　中国 2016—2030 年粮食进口形势分析

对世界人均粮食产量及世界消费者食物价格指数的预测结果显示，在 2016—2030 年，世界人均粮食产量虽然呈现小幅下降趋势，但与现在的水平大致相当，世界为中国提供粮食的能力没有改变；世界消费者食物价格指数虽然呈现持续上涨趋势，但涨幅趋缓，并且与过去世界通货膨胀水平大致相当，在完全可以接受的范围内。这表明，在假设世界不发生重大自然灾害和重大政治变动的情况下，未来中国的粮食进口形势与从前相比不会有较大变化。中国未来 15 年粮食进口形势是稳定的，中国仍可以通过进口部分粮食来增加国内供给，维护粮食安全。

本章小结

充足的粮食供给是实现粮食安全的基础。中国粮食供给的来源结构决定中国粮食安全主要取决于自身产量和净进口量。运用 BP 神经网络算法预测中国未来的粮食产量，运用 Logistic 阻滞增长模型预测中国未来的人口数量，进而计算出中国未来人均粮食产量。结果表明，在 2016—2030 年，中国人均粮食产量预测值与过去人均粮食产量大致持平。未来中国粮食产量比较稳定。运用 BP 神经网络算法对世界粮食产量进行预测，利用 FAOSTAT 提供的未来世界人口预测值，计算出未来世界人均粮食产量。结果表明，2016—2030 年世界人均粮食产量呈现下降趋势，但幅度不大，基本维持与现阶段大致相当的水平。这意味着，从数量角度讲，未来世界为中国提供粮食的能力没有改变。影响中国进口粮食的另一个因素是世界粮食价格。因为样本数量有限，选择用二次指数平滑法对未来世界粮食价格进行预测。结果显示，2016—2030 年，世界粮食价格呈上升趋势，但上升幅度有所下降，在完全可以接受的范围内。世界粮食产量和价格预测结果表明，中国粮食进口形势没有改变。综合中国人均粮食产量和世界人均粮食产量及粮食价格的预测结果，可以得出结论：在未来 15 年内，中国的粮食供给状况比较稳定，粮食安全的基础没有改变。

第六章　中国粮食安全影响因素

粮食经济活动包括生产、流通和消费三大环节。这三大环节的安全状况决定粮食安全状况。本书从影响这三大环节的因素入手，分析影响中国粮食安全的因素。

第一节　粮食生产方面

前文对中国、印度、泰国和乌干达四国食物安全影响因素的分析表明，食物自给率是影响食物安全的基本因素。粮食是食物的重要构成部分，影响食物安全的因素必然是影响粮食安全的因素。粮食自给率是粮食生产的最终结果，在资源和技术约束一定的条件下，政策是影响粮食生产的重要因素。因此，在粮食生产方面，本书重点分析粮食自给率和政策对粮食安全的影响。

一　粮食自给率

在前文对中国食物安全影响因素的分析中，本书根据营养不足发生率计算出能够实现食物安全的食物需要量，并将食物自给率定义为“食物产量占能够实现食物安全的食物需要量的比例”。但是，由于联合国粮农组织及其他国际组织没有提供各国粮食不足程度的数据，无法计算出各国安全的粮食需要量。所以，在计算各国粮食自给率时，本书仍按照一般做法，即：

粮食自给率＝粮食产量/(粮食产量＋粮食净进口量)×100

从理论上讲，如果一个国家的粮食自给率达到100%以上，那么这个国家具备了实现粮食安全的基本条件；相反，如果一个国家的粮食自给率低于100%，那么这个国家的粮食安全必然面临风险，但是，风险不一定发生。世界上一些发达国家，特别是面积小、人口少的发达国家，粮食自给率比较低，却实现了粮食安全。

(一) 中国粮食自给率

前文分析表明，中国粮食自给率不足100%，并且是谷物、薯类和豆类的自给率均不足100%。其中，大豆自给率最低，以至于发生大豆危机。玉米的自给率也跌破50%。作为中国居民最主要口粮的小麦和稻米的自给率也不足100%，并且呈下降趋势。

粮食自给率不足100%是威胁中国粮食安全的一个基本因素。

(二) 影响中国粮食自给率的客观因素

中国粮食自给率难以达到100%，主要是受资源及技术的约束。

1. 资源约束

耕地和水是粮食生产最重要的资源。中国耕地总面积为20.4亿亩，世界排名第四，但人均耕地仅有不到1.4亩，仅相当于世界人均耕地面积的40%，而且耕地质量总体偏低。中国国土资源部在2014年12月24日公布的《全国耕地质量等别调查与评定主要数据成果》显示，优等地面积为5779万亩，高等地面积为53793万亩，中等地面积为107240万亩，低等地面积为35797万亩。[①] 各等级耕地面积占耕地总面积的比例如图6-1所示。中国的耕地质量以中等地为主，优等地和高等地的比例合计不到30%。同时，后备土地资源有限，并且其中仅有1.2亿亩左右宜开发为耕地。中国人均水资源只有大约2100立方米，中国已成为世界上13个最贫水国家之一。[②] 中国耕地和水资源匮乏，严重制约了粮食生产的发展。

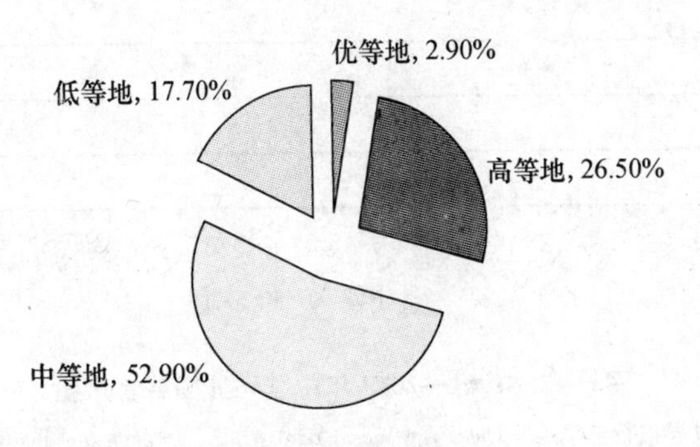

图6-1　各等级耕地占全国耕地总面积的比例

① 《全国耕地质量等别调查与评定主要数据成果》，国土资源部门户网站。

② 唐仁健：《1号文件突出亮点是提出让农业资源休养生息》，2014年1月22日国务院新闻办公室发布会，http://politics.people.com.cn/n/2014/0122/c70731-24195095.html。

2. 技术约束

在资源一定的条件下，技术是促进粮食生产、提高粮食产量的重要因素。中国农业技术与发达国家相比有很大差距。发达国家主要农作物机械化率基本达到100%，而中国2013年全国农作物耕种收综合机械化水平才刚刚达到50%，2015年达到60%，目标是在2020年超过70%。[①] 发达国家农业科技进步贡献率平均在70%以上，而中国农业科技进步贡献率仅达到56%。[②]

图6-2和图6-3分别显示了中国和美国谷物单位面积产量和化肥单位面积消费量。自1961年以来，除个别年份外，美国谷物的单位面积产量总体上明显高于中国。但是，就有数据可查的2002—2013年，美国化肥单位面积消费量明显低于中国，不到中国的一半。美国用更少的化肥消费量生产出了更多的谷物，其中的原因在很大程度上可以由美国拥有比中国更先进的农业科技得到解释。如果中国拥有更先进的农业科技，中国的粮食产量和粮食生产效率将大幅提高。

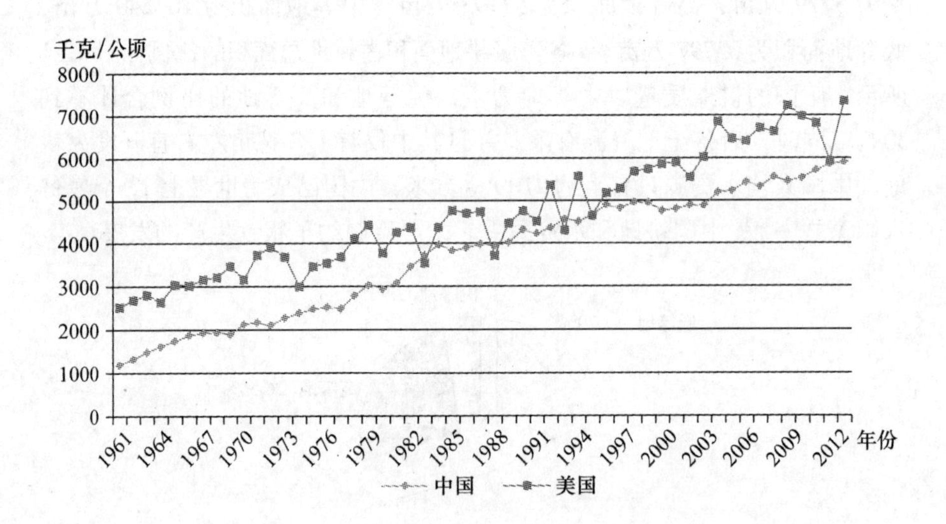

图6-2 1961—2013年中国和美国谷物产量

资料来源：世界银行数据库，Data/The World Bank：http：//data. worldbank. org/。

① 《中国农作物耕种收综合机械化水平今年将超过61%》，http：//finance. ifeng. com/a/20141103/13244304_ 0. shtml。

② 《农业科技进步贡献率达56%》，《人民日报》2015年1月27日第1版。

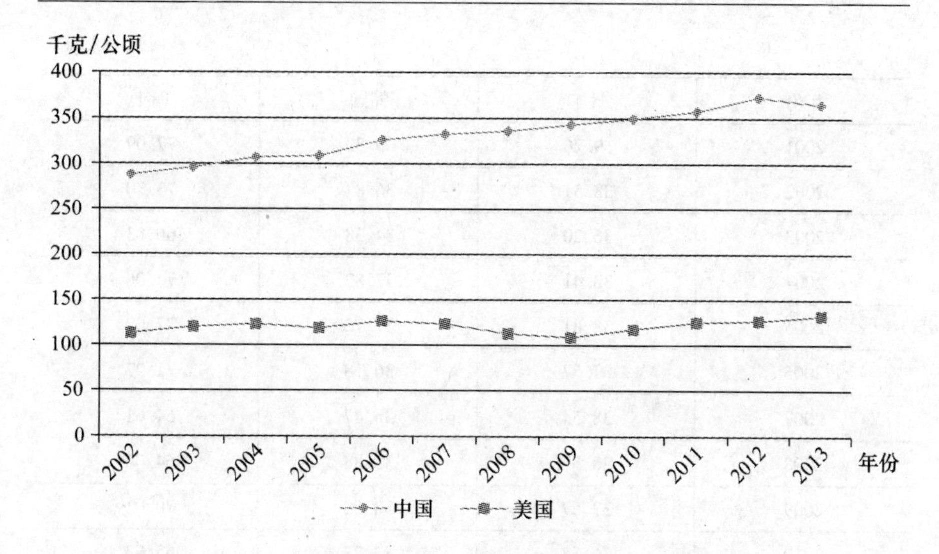

图 6-3　2002—2013 年中国和美国化肥消费量

资料来源：世界银行数据库，Data/The World Bank：http：//data. worldbank. org/。

（三）几个粮食安全国家的粮食自给率

发达国家普遍实现了粮食安全。其中，有些国家粮食自给率比较低，比如日本、韩国、新加坡、瑞士等国。由于新加坡数据缺乏，表 6-1 给出了日本、韩国和瑞士的粮食自给率。

表 6-1　　三个粮食安全国家的粮食自给率　　单位:%

年份	日本	韩国	瑞士
1991	39. 35	42. 89	80. 13
1992	40. 88	41. 22	81. 63
1993	35. 31	38. 09	82. 41
1994	42. 27	39. 49	82. 42
1995	41. 33	37. 74	78. 25
1996	40. 43	38. 49	83. 47
1997	39. 65	39. 30	81. 66
1998	38. 39	37. 94	82. 80
1999	37. 67	39. 14	78. 77
2000	38. 86	38. 74	75. 90

续表

年份	日本	韩国	瑞士
2001	39.26	39.33	77.09
2002	38.51	36.84	73.70
2003	36.20	34.38	66.83
2004	38.41	37.82	74.06
2005	38.81	37.72	77.09
2006	37.57	36.18	71.27
2007	38.54	35.47	64.61
2008	38.57	35.88	64.03
2009	37.57	38.50	70.01
2010	36.57	33.78	65.73
2011	37.07	33.60	62.03
2012	38.17	30.79	65.70

资料来源：根据 FAOSTAT：Production / Crops 和 Trade / Crops and livestock products 相关数据计算而得。http：//faostat3. fao. org/download/D/FS/E。

表6－1显示，日本、韩国粮食自给率多数年份不到40%，瑞士稍高一些，近年来也不到70%。这表明，粮食自给率低不是一个国家粮食不安全的充分条件，也不是必要条件。一个国家粮食自给率低，必然存在粮食不安全风险，但风险不一定发生。这些国家可以通过粮食净进口增加国内粮食供给量，实现粮食的数量安全。

对于中国，粮食虽没有实现100%自给，但粮食自给率明显高于上述三个国家，却没有实现粮食安全。这说明，粮食自给率不足100%，使中国粮食安全面临风险，但风险的真正发生是其他因素共同作用的结果。

二　政策因素

国家的粮食产量即粮食自给率是影响该国粮食安全的基本因素。长期内，粮食产量主要受资源和技术的约束；短期内，政策对粮食产量有显著影响。

（一）新中国成立以来粮食产量及其异常情况

新中国成立以来，我国历年粮食产量变化如图6－4所示。

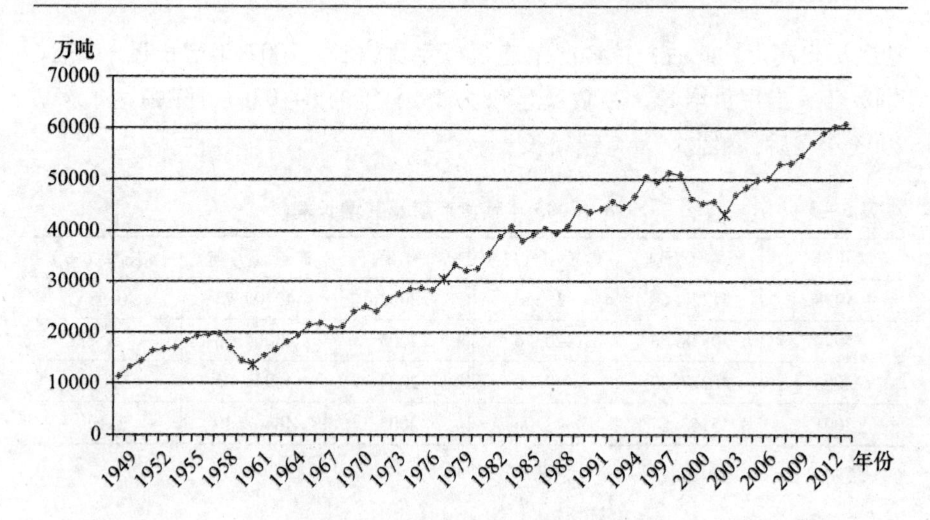

图 6－4　1949—2014 年中国粮食产量

资料来源：中国国家统计局年度数据。

图 6－4 显示，自新中国成立以来，粮食产量总体呈现增长趋势。在总的增长趋势中，有两个年份的粮食产量处于显著的低点，分别是 1961 年的 13650.9 万吨和 2003 年的 43069.53 万吨。

1. 1961 年前后粮食产量及其增长率

1958—1963 年粮食产量及其增长率如表 6－2 所示。1961 年是中国“三年困难时期”的最后一年。这场困难时期始于 1959 年。1958 年是新中国成立后粮食产量的最高点，达 19766.3 万吨。此后，粮食产量连续三年大幅负增长。1961 年粮食产量较 1958 年减少 6000 多万吨，降幅达 31%。1961 年后，粮食产量又恢复增长。1962 年粮食产量增长率高达 13.12%，可谓“报复性”增长。

表 6－2　1958—1963 年粮食产量及其增长率

年份	产量（万吨）	增长率（%）	年份	产量（万吨）	增长率（%）
1958	19766.3	1.34	1961	13650.9	－5.11
1959	16969.2	－14.15	1962	15441.4	13.12
1960	14385.7	－15.22	1963	16574.1	7.34

资料来源：中国国家统计局年度数据。

2. 2003 年前后粮食产量及其增长率

1998—2003 年粮食产量及其增长率如表 6－3 所示。1998 年粮食产量达到历史高点，此后，粮食产量连续三年负增长，2002 年增长近 1% 后，2003 年又出现负增长，粮食产量仅为 1998 年的 84.07%，降幅达 16%。2003 年之后，粮食产量持续增长。

表 6－3　1998—2003 年粮食产量及其增长率

年份	产量（万吨）	增长率（%）	年份	产量（万吨）	增长率（%）
1998	51229.53	3.67	2002	45705.75	0.98
1999	50838.58	－0.76	2003	43069.53	－5.77
2000	46217.52	－9.09	2004	46946.95	9.00
2001	45263.67	－2.06	2005	48402.19	3.10

资料来源：中国国家统计局年度数据。

3. 1978—2014 年粮食产量及其增长情况

图 6－4 并未显示出 1978 年及其前后各年的粮食产量有突出特征。但是，综合图 6－5"1949—2014 年粮食作物播种面积"，可以发现异常之处。图 6－5 显示，自 1978 年起，粮食作物播种面积总体上呈下降趋势，2003 年达到最低点。2003 年起，粮食作物播种面积持续增加，但至 2014 年仍未恢复至 1978 年的水平。综合图 6－4 粮食产量和图 6－5 粮食作物播种面积数据，可以发现，1978 年之后，中国是在粮食播种面积下降的过程中实现了粮食产量的增长。

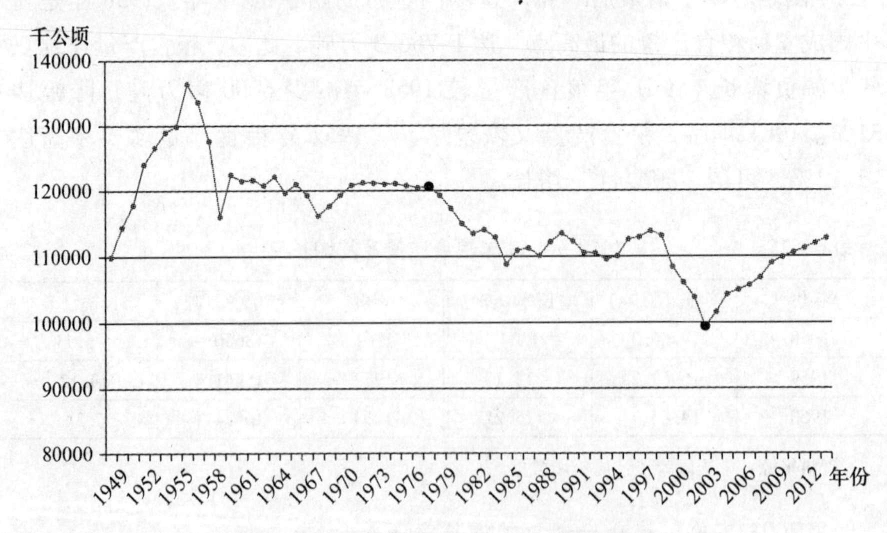

图 6－5　1949—2014 年粮食作物播种面积

资料来源：中国国家统计局年度数据。

（二）1959—1961 年粮食产量负增长的严重后果及其产生的原因

1. 饥荒及大量人口非正常死亡

持续三年的粮食大幅负增长，直接造成了严重的饥荒，致使非正常死亡人口大大增加。对于这三年非正常死亡人口数量，始终没有权威的官方统计数据。据各方学者及研究机构估计，1959—1961 年非正常死亡人口在 2000 万—4000 万。

表 6－4 给出了 1958—1963 年的人口数量及其增长率，其中，1960 年和 1961 年连续两年人口负增长。这是自新中国成立至今的年份里，仅有的两次人口负增长情况。人口负增长可以佐证 1959—1961 年确实有大量人口非正常死亡。

表 6－4　　1958—1963 年人口数量及其增长率

年份	1958	1959	1960	1961	1962	1963
人口（万人）	65994	67207	66207	65859	67296	69172
增长率（%）	2.07	1.84	－1.49	－0.53	2.18	2.79

资料来源：中国国国家统计局年度数据。

2. 造成粮食减产及大量人口非正常死亡的原因

对于 1959—1961 年这三年特殊时期的表述，“直到 1978 年以前，‘三年自然灾害时期’一直成为这三年历史的代名词”。1981 年 6 月，《关于建国以来党的若干历史问题的决议》指出：“主要由于‘大跃进’和‘反右倾’的错误，加上当时的自然灾害和苏联政府背信弃义地撕毁合同，我国国民经济在一九五九年到一九六一年发生严重困难，国家和人民遭到重大损失。”①

陈东林（2004）根据对自然灾害数据的分析，证实 1959—1961 年确实发生了严重的自然灾害。但是，“由于‘大跃进’和‘反右倾’的错误决策，使农村因自然灾害遭受的损失增加了一倍。这与刘少奇在报告中引述的‘三分天灾，七分人祸’是基本一致的。……如果决策正确，遇到大的自然灾害，也远不应发生如此之大的经济损失和非正常死亡；但没有

---

①　陈东林：《从灾害经济学角度对“三年自然灾害”时期的考察》，《当代中国史研究》2004 年第 11 卷第 1 期，第 84 页。

‘三年自然灾害’，决策失误虽然会导致经济严重递减，也不应是集中爆炸性的。”①

自然灾害时有发生。1998年中国发生了特大洪水，包括长江、嫩江、松花江等。长江洪水是继1931年和1954年两次洪水后，20世纪发生的又一次全流域型的特大洪水之一；嫩江、松花江洪水同样是150年来最严重的全流域特大洪水。如此大的水灾并未造成粮食不安全及大规模的居民非正常死亡（除洪灾直接造成约3000人死亡外）。对于1959—1961年的灾害，陈东林依据数据分析得出的结论与党中央的决议是一致的：主要是政策失误造成的。

（三）2003年前后粮食产量变动的原因

1. 1999—2003年粮食产量持续下降的原因

1998年之后，粮食产量呈下降趋势，直至2003年。这期间的粮食产量下降与粮食播种面积下降是完全一致的。粮食播种面积自1978年之后呈波动下降趋势，2003年达到最低点，其间的最高点就出现在1998年，自1999—2003年，粮食播种面积持续下降。

刘纪远等（2003），“研究表明，20世纪90年代，全国耕地总面积呈北增南减、总量增加的趋势，增量主要来自对北方草地和林地的开垦。林业用地面积呈现总体减少的趋势，减少的林地主要分布于传统林区，南方水热充沛区造林效果明显。中国城乡建设用地整体上表现为持续扩张的态势。90年代后5年总体增速减缓，西部增速加快。20世纪90年代，我国的土地利用变化表现出明显的时空差异，政策调控和经济驱动是导致土地利用变化及其时空差异的主要原因。”② 20世纪90年代耕地面积的增加在一定程度上支持了同期粮食产量的增加。但是，1998年特大洪水发生后，党中央和国务院从保护和恢复生态环境、促进经济社会可持续发展出发，提出退耕还林的决策。此后，发展为生态退耕，包括退耕还林、退耕还草和退耕还水等。在生态退耕执行的最初几年，退耕速度快，新耕地开发速度缓慢，导致耕地面积明显地、持续地下降。同时，由于工业用地、城镇建设用地快速增加，也加速了耕地面积减少。耕地面积减少，造成粮食播

① 陈东林：《从灾害经济学角度对“三年自然灾害”时期的考察》，《当代中国史研究》2004年第11卷第1期，第92页。

② 刘纪远等：《20世纪90年代中国土地利用变化时空特征及其成因分析》，《地理研究》2003年第22卷第1期，第1页。

种面积减少，粮食产量降低。土地是国有的。耕地增加或减少都是国家相关政策执行的结果。此外，由于工业和城市经济快速增长，而种粮的比较效益低，大量农村劳动力放弃种粮，进入工业和城市谋求发展，也造成了粮食产量下降。

2. 2003 年之后粮食产量“十一连增”的原因

2003 年之后，针对粮食产量连年下降的问题，党中央和国务院提出了一系列支持粮食生产的政策，有效地促进了粮食产量持续增长。2004 年 5 月，“为了保护粮食生产者的积极性，促进粮食生产，维护经营者、消费者的合法权益，保障国家粮食安全，维护粮食流通秩序”[①]，国务院公布并开始实施《粮食流通管理条例》，明确“粮食价格主要由市场供求形成”。将粮食价格推向市场后，为了保护粮食生产者的利益，国家实行粮食最低收购价政策。中共中央、国务院还决定从当年开始逐步降低农业税税率，并提出 5 年内全面取消农业税的目标。实际上，从 2006 年 1 月 1 日起就全面取消了农业税。取消农业税，降低了农民的负担，增加了农民的收入。在 2004 年，国家又全面实行粮食直补政策。粮食直补使农民切实得到了实惠，收入水平明显提高，生产积极性进一步提高。在粮食直补的基础上，2006 年，财政部发出了《关于对种粮农民柴油化肥等农业生产资料增支实行综合直补的通知》，对部分农用生产资料进行直补。此后，国家不断完善粮食直补办法。2011 年，国务院明确要求“将粮食直补与粮食播种面积、产量和交售商品粮数量挂钩”，这就有效地约束了粮食直补资金的使用，使直补真正落实到位。自 2004 年起，中央每年的一号文件都是关于农业的。国家一系列政策的组合运用，直接造就了粮食自 2004 年开始的“十一连增”。

（四）1978 年之后粮食播种面积下降而粮食产量增加的原因

1978 年粮食播种面积开始下降，虽有波动，但至今未恢复 1978 年的水平。在播种面积下降的同时，粮食产量却呈现出波动上升趋势。这里必然有技术进步的原因，但仅技术进步不足以解释全部。还有一个重要的原因就是，改革极大地释放了粮食生产能力。1980 年，邓小平肯定了安徽省凤阳县凤梨公社小岗村“大包干”的做法，从此，家庭联产承包责任制开始在全国范围内实行。这种摆脱了集体生产低效率的“包产到户”

① 《粮食流通管理条例》，中国政府网。

的生产方式，极大地激发了农民生产的积极性，劳动生产率显著提高，因此，实现了在播种面积减少的前提下粮食增产。

综上所述，在资源和技术约束之外，影响粮食产量最重要的因素就是政策。政策失误造成了新中国成立以来最大规模的饥荒和人口非正常死亡。土地政策导向引起耕地面积变化，进而引起粮食产量波动。在耕地面积和粮食产量在2003年达到阶段性低点之后，国家一系列惠农政策有效地促进了粮食产量增长，实现了粮食产量的“十一连增”。在新中国成立后，对中国宏观经济影响最大的政策就是改革开放。家庭联产承包责任制极大地释放了粮食生产能力，这是促进长期内中国粮食增长的最重要原因。政策是影响粮食产量的重要因素，粮食产量是粮食安全的基本因素，所以，政策是影响粮食安全的重要因素。

第二节　粮食流通方面

粮食流通是指粮食从生产出来后到最终消费前的收购、销售、储存、运输、加工、进出口等全部环节。中国的粮食流通体制历经多次改革，虽然在很大程度上促进了粮食生产，提高了粮食流通效率，但仍存在一些问题，有碍粮食安全的实现。

一　中国粮食流通体制变迁

（一）改革开放前的粮食流通体制

1. 改革开放前的粮食购销体制

改革开放前的粮食购销体制主要经历两个阶段：新中国成立初期国营企业领导下的粮食自由购销阶段和1953—1978年粮食高度集中的统购统销阶段。

粮食统购统销就是农民生产的粮食全部卖给国家，农民自己需要的粮食品种和数量也要由国家批准才能留存，全社会需要的粮食由国家统一供应。这种粮食流通体制对于保障工业用粮和城市居民粮食需求起到了积极的作用，但是，工农业产品“剪刀差”极大地损害了农民的利益和种粮积极性。在1978年改革开放后，粮食统购统销制度虽然没有被彻底取消，但是已经开始逐步松动。

2. 改革开放前的粮食储备制度

这期间，国家的粮食储备工作也逐步展开。1954 年，国家开始储备粮食以应对灾荒，这部分粮食被称为“甲子粮”。20 世纪 60 年代初，为了应对紧张的台海局势，中央决定储备足够 50 万人 6 个月食用的战略储备粮，这部分粮食被称为“506 粮”。甲子粮和“506 粮”是改革开放前粮食储备的主要构成部分。

（二）改革开放后的粮食流通体制

1. 改革开放后的粮食购销体制

改革开放后的粮食购销体制主要分为 1993 年之前的双轨制和现行的以市场为主导的两大阶段。

改革开放后，农村实行家庭联产承包责任制，极大地激发了农民的种粮积极性，粮食产量大幅增加。提高粮食收购价格，保护农民利益势在必行。国家从 1985 年起实行粮食合同定购制度，合同定购之外的粮食数量和品种可以实行市场交易。从此，粮食价格进入定购价和市场价并行的双轨制阶段。1990 年粮食大丰收，出现了卖粮难现象。为了避免谷贱伤农，国务院作出了《关于建立国家专项粮食储备制度的决定》，成立国家粮食储备局，敞开收购议价粮，满足农民出售余粮的要求。1992 年年底，全国 844 个县（市）放开了粮食价格，粮食市场形成。粮食统购统销制度彻底结束。粮食流通体制进入新的阶段。

在粮食价格放开之后，国家并没有完全放弃对粮食的宏观调控。1994 年 5 月 9 日，国务院发布并实施《关于深化粮食购销体制改革的通知》（以下简称《通知》）。《通知》指出：“国家掌握必要的粮源是稳定粮食市场、安定大局的重要物质基础。”[1]《通知》明确了在贸易粮中国家任务粮的数量和确定其收购价格的原则，同时也明确了对于任务粮之外的贸易粮由地方政府按照市场价格收购的原则。1994 年，国家还成立了农业发展银行，其“主要职责是按照国家的法律法规和方针政策，以国家信用为基础筹集资金，承担农业政策性金融业务，代理财政支农资金的拨付，为农业和农村经济发展服务”。[2] 同年，国务院印发《粮食风险基金实施意见》（以下简称《意见》）。《意见》指出，“粮食是关系国计民生的特

① 《关于深化粮食购销体制改革的通知》，中国政府网。

② 中国农业发展银行官网。

殊商品，政府必须进行宏观调控。粮食专项储备制度和粮食风险基金制度是政府对粮食进行宏观调控的最重要的经济手段”。[①] 政府主要运用粮食风险基金平抑粮食市场价格。

2. 改革开放后的粮食储备制度

改革开放后的粮食储备制度主要是由1990年的国家专项粮食储备制度和1999年建立的中央储备粮垂直管理体系构成。2003年，国务院颁布了《中央储备粮管理条例》，该条例对中央储备粮的计划、储存和动用等各个环节都做出了全面的规定，这是中国第一部规范中央储备粮管理的行政法规，由此建立起中国现代的粮食储备制度。

执行粮食储备任务的主体是中国储备粮管理总公司（以下简称中储粮总公司）。中储粮总公司是2000年经国务院批准组建的大型国有企业，具体负责中央储备粮（含中央储备油）的经营管理，同时接受国家委托执行粮油购销调存等调控任务。中储粮总公司主要利用中心库[②]储备粮食，同时委托地方粮库和社会仓库代储中央储备粮。

自新中国成立以来，国家不断地对粮食流通体制进行改革。改革的总体方向是市场化及更加灵活、有效的调控手段，目的是维护粮食安全。

二　粮食流通过程中影响粮食安全的因素

（一）粮食价格形成机制不完善

1992年年底结束了粮食统购统销制度，但是，粮食及其价格并没有真正地走向市场。1994年开始，国家以确定粮食收购价格和数量的方式干预粮食市场。时至2014年，粮食流通体制的一项核心内容仍然是对粮食价格的干预——实行粮食“托市价”。

2004年，《粮食流通管理条例》第三章宏观调控第二十八条规定：“当粮食供求关系发生重大变化时，为保障市场供应、保护种粮农民利益，必要时可由国务院决定对短缺的重点粮食品种在粮食主产区实行最低收购价格”。[③] 2005年开始对水稻实行最低收购价格，2006年覆盖到小麦。粮食最低收购价格政策没有包括玉米、大豆等品种，2008年，国家开始对这些品种实行临时收储政策。2011年又对棉花实行临时收储政策。

---

① 《粮食风险基金实施意见》，中国政府网。

② 中储粮总公司官网显示，截至2014年10月，中储粮已将23家分公司管辖的753家直属库整合为346家中心库。

③ 《粮食流通管理条例》，中国政府网。

最低收购价格和临时收储价格都是保护价格，高于由供求决定的市场价格，被称作“托市价”。自实行托市价至2013年，“玉米价格累计提高49%以上，水稻大概90%以上，小麦也是60%以上”。[①] 2014年托市价较2013年又有所上涨，2015年托市价与2014年基本一致。托市价造成粮食主产区和主销区粮食价格倒挂、原粮和成品粮价格倒挂以及国内粮食价格和国外粮食价格倒挂的粮食价格极端不合理现象。这种价格的倒挂导致了资源的错误配置。

高于市场均衡价格的托市价使种粮农民有利可图，于是粮食生产资源过度向有托市价的品种集中，而没有托市价的粮食品种种植面积和产量大幅减少。农民为了粮食高产，过度使用农药、化肥，过度开采地下水。“我们的单产是提高了，提高了56%，如果按照同一个时点比较的话，但现在化肥使用量是增加了225%。目前我们以占世界8%的耕地施用了世界30%以上的化肥，从而生产了占世界20%的粮食。”[②] 这不仅造成严重的环境污染及土地、水资源的破坏，而且严重损害了粮食的可持续发展能力，给未来的粮食安全造成巨大隐患。在国内粮食生产资源过度向有托市价品种集中的同时，有托市价的粮食品种的进口量也在增加——因为国外的价格低于国内的价格。有托市价的品种产量过剩、没有托市价的品种产量不足、有托市价品种的进口量增加，这是严重的资源错误配置。由于国内价格高于国外价格，也导致近年来粮食走私案件显著增加。对于走私数量，虽没有权威数据，但走私案件的频发却是粮食价格扭曲的后果。进口粮食替代了国产粮食，国产粮食只能被储备起来。储备本身就消耗资源，过多的储备必然是消耗了更多的资源。政府过度干预粮食价格，在造成价格扭曲、资源错配的同时，也增加了财政负担，造成财政资源的错误配置。

由政府主导的粮食价格形成机制不能反映市场供求关系，不能引导资源有效配置。这种方式维护了当前的粮食安全，但是损害了粮食可持续发展的能力，给未来的粮食安全造成巨大威胁。

（二）粮食损耗和浪费

1. 联合国粮食组织对食物损耗和浪费的界定

“联合国粮农组织将食物损失按照客观与主观的标准划分为食物损耗

---

① 程国强：《现有粮食政策扭曲粮价形成机制》，http：//news. hexun. com/2013-11-30/160177901. html。

② 同上。

与浪费，其中损耗是指由于生产技术等客观因素导致的发生在生产、收获后及加工环节上的食物数量下降，而食物浪费是由于消费者的主观因素发生在食品链终端的食物数量下降。”① 联合国粮农组织还分别对农作物和动物食物在每个环节的损耗和浪费进行了详细的界定。

2. 全球粮食损耗和浪费情况

2009 年，全球食物损耗数量接近食物原始产量的 25%。高收入地区的人均损耗量是低收入地区的 1.3 倍。农作物食物的损耗量超过 13 亿吨，占全球农作物原始产量的 24%。②

2009 年，全球食物浪费量高达 3.7 亿吨，约占全球食物消费量的 10%。谷物的浪费量最大，约占食物浪费总量的 40%。高收入地区人均浪费量高于低收入地区。北美洲和大洋洲人均食物浪费量最高，达到 207.2 千克/人。撒哈拉以南非洲人均食物浪费量最低，为 6.99 千克/人。③

综合全球食物损耗和浪费的数量，大约为食物原始产量的 35%。全球饥饿人口近 8 亿，约占全球人口的 11%。从数量上看，如果没有损耗和浪费，全球食物产量足以满足全球人口的需要，甚至仅是全球浪费的食物就可以基本满足饥饿人口的需要。

3. 中国粮食损耗和浪费的总体情况

在中国仍有约 1.34 亿饥饿人口的同时，中国却存在着严重的食物损耗和浪费的问题。“据有关专家估算，目前我国每年谷物类粮食产后损耗在 5342.4 万—7255.7 万吨，相当于同期国内居民 75—102 天的口粮消费，其折合综合产后损耗率高达 10.8%—14.5%。”④

在 2014 年 10 月 9 日召开的一场新闻通气会上，国家粮食局政策法规司副司长陈玉中指出，“全国农户储粮、储藏、运输、加工等环节损失浪费粮食每年达 700 亿斤以上”，“在这 700 多亿斤白白流失的粮食中，农户家庭储粮损失浪费约 400 亿斤，仓储、运输企业损失浪费 150 多亿斤，

① 农业部农业贸易促进中心：《粮食安全与农产品贸易》，中国农业出版社 2014 年版，第 30 页。

② 同上书，第 35 页。

③ 同上书，第 37—38 页。

④ 贾步云：《对我国粮食安全问题的思考》，《中国经济时报》2014 年 4 月 2 日第 A11 版。

加工企业损失浪费150多亿斤”。①

4. 流通过程中粮食损耗和浪费的主要环节

（1）仓储环节。中国现行的粮食储备制度是政府主导粮食储备。由于仓储能力不足和管理不到位，造成粮食损失严重，这在浪费资源的同时，也威胁着粮食安全。

第一，粮食仓储能力不足造成的损失。2015年度，全国粮食仓储仓房总仓容39255.6万吨②，仓储能力约为2014年粮食产量的65%。2015年预计粮食继续增产。即使将现有的全部仓容用于储备当年的粮食，也略显不足，何况仓容中很大一部分要用于储备往年的粮食。虽然有简易仓房、罩棚、地坪及农户仓储作为补充，但由于仓储条件恶劣，粮食损失严重，不能作为粮食仓储的可靠方式。每年粮食产量中大约一半由农户储存，但由于农户缺乏烘干技术和设备、储存设备简陋，由虫鼠害、霉变等原因造成的损失严重。“据国家粮食局抽样调查，全国农户储粮损失率平均为8%左右，每年损失粮食约400亿斤，相当于6160万亩良田粮食产量。农户储粮主要粮种中，玉米损失率最高，平均约为11%；稻谷平均损失率约为6.5%，小麦平均损失率约为4.7%。造成损失的主要原因：因鼠害的损失约占总损失量的49%，因霉变的损失约占总损失量的30%，因虫害的损失约占总损失量的21%。分地区看，农户储粮损失最严重的为东北地区，平均约为10.2%；其次为西北地区，约8.8%，长江中下游地区约7.4%，黄淮海地区约5%。”③ 粮食生产出来了，但不能有效仓储，损失的粮食不但等同于没有，而且造成巨大的浪费，根本起不到保障粮食安全的作用。

第二，监管不到位造成无法准确估计的损失。2015年6月28日，国家审计署发布《2015年第18号公告，中国储备粮管理总公司2013年度财务收支审计结果》（以下简称《审计结果》）。《审计结果》显示，中储粮总公司在2009—2013年，由于管理不善造成的损失约11.6亿元，潜在损失约4.5亿元，另有涉及违规建设资金约91.2亿元。其中损失最大的一项是“2012—2013年，由于下属河南分公司、漯河直属库等单位管控

---

① 《中国每年粮食产后损失浪费达700亿斤》，中国新闻网，2014年10月9日，http://www.chinanews.com/gn/2014/10-09/6658998.shtml。

② 《中国粮食仓储现状分析与展望》，http://club.1688.com/article/59362636.html。

③ 《“十二五”农户科学储粮专项建设规划》，国家粮食局门户网站。

不到位，存储在承储库点的粮食发生短库、质价不符等问题，造成损失 7.85 亿元、潜在损失 1.89 亿元，其中 2013 年 4.95 亿元。”①

《审计结果》中没有涉及但具有较大社会影响的损失还包括：2013 年 5 月 31 日至 6 月 1 日中储粮总公司所属黑龙江林甸直属库火灾损失及 2015 年 4 月 17 日中央电视台曝光的吉林、辽宁中储粮委托的租赁仓库“以陈顶新”套取差价造成的损失。对黑龙江林甸直属库火灾造成的损失，中储粮总公司通告称：“此次火灾共造成粮食损失约 1000 吨。经当地消防部门初步认定，火灾造成粮食损失价值约 284 万元，储粮资材损失 23.9 万元，火灾直接损失共约 307.9 万元。”② 对这一损失数据及火灾原因，社会广泛质疑。对于中储粮以陈顶新造成的损失，没有官方数据。

“以陈顶新”事件后，中国官方首次承认大量农业储粮可能已严重受损，但损失数据不详。储备粮损失严重，极大地破坏了中国维护粮食安全的能力。

（2）加工环节。由于生活质量的提高，居民对粮食的加工精度要求提高，追求“精、细、白”的粮食产品。这在造成严重的粮食浪费的同时，也造成了营养损失，关于营养损失本研究将在后文论述。“据测算，我国每年加工环节浪费的粮食在 150 亿斤以上。国家粮食局流通与发展司司长翟江临认为，造成粮食加工环节浪费严重的主要原因是，很多人认为大米、面粉越白越好、越精细越好，粮食加工企业对成品粮过度追求精、细、白，既损失营养又明显降低出品率。例如，在稻谷加工环节，每增加一道抛光，出米率降低 1%，每年损失粮食 70 亿斤以上。在小麦加工环节，损失率约 2%，损失粮食约 50 亿斤。在食用植物油加工环节，由于过度精炼，每年损失 30 亿斤以上。同时由于低水平粗放加工，加工副产物综合利用率较低，米糠等大量副产物未得到高效利用。”③ “我国粮食加工转化增值比仅为1∶1，而发达国家粮食加工转化增值比为 1∶7。全国仅有 10% 的粮食转化为工业品，每年约有 300 亿公斤稻壳、100 亿公斤米

---

① 《2015 年第 18 号公告：中国储备粮管理总公司 2013 年度财务收支审计结果》，国家审计署官网。

② 中储粮总公司官网。

③ 刘慧：《粮食精加工浪费严重　我国每年损失 150 亿斤以上》，《经济日报》2014 年 6 月 6 日第 8 版。

糠、200 亿公斤碎米、25 亿公斤小麦和玉米胚芽没有得到有效合理的开发利用。”①

(3) 包装、运输环节。粮食在包装、运输环节也存在损耗和浪费。中国粮食产销不平衡。每年粮食从主产区运往主销区的数量巨大，2014 年全国有 1.65 亿吨粮食跨省运输。粮食在包装过程中会有损失，在运输、搬运、拆包过程中因为破损、遗漏等还会造成损失。相对比较，散粮运输损失小得多。但是，原粮跨省运输以包粮为主，散运比例仅为 25% 左右。“据国家粮食局测算，粮食包装运输损失率高达 5%。”②

粮食损耗和浪费，特别是人为的粮食浪费，是造成世界和中国粮食短缺及粮食不安全的一个重要原因。

三　国际贸易对中国粮食安全的影响

对于 2008 年的世界粮食危机，联合国粮食组织表示：“当今世界的粮食危机已不再是传统意义上的粮食生产不足的危机，而是粮食分配、贸易和供应上的危机。”③ 在市场经济条件下，“分配”、“贸易”和“供应”实质上都是贸易问题，并且是国际贸易问题，因为，一国内部的贸易不会引发世界性的粮食危机。

封志明等（2010）对近 50 年全球粮食贸易的时空格局与地域差异的研究结论认为，“从粮食贸易量的角度看，发展中国家已取代发达国家而成为全球最大的粮食进出口区。但是对粮食净贸易额的分析则表明，发达国家和发展中国家在全球粮食贸易分工中的地位和角色并未发生根本性的逆转，发达国家始终是全球粮食贸易的领导者和最大赢家；并且从长期趋势看，三类国家和地区间净贸易额的差距水平仍继续扩大”。④

国际贸易已成为影响发展中国家粮食安全的重要因素之一。

（一）不公平的国际贸易规则威胁发展中国家的粮食安全

在当今世界农产品贸易领域，最具影响力的贸易规则是世界贸易组织

---

① 尹成林、吴龙剑：《粮食节约减损要建立长效机制》，《中国粮食经济》2014 年第 1 期，第 60 页。

② 《运输环节：别让粮食浪费在路上》，齐鲁网，http://news.iqilu.com/shandong/yuanchuang/2014/0711/2061613.shtml。

③ 转引自封志明、赵霞、杨艳昭《近 50 年全球粮食贸易的时空格局与地域差异》，《资源科学》2010 年第 1 期，第 2 页。

④ 封志明、赵霞、杨艳昭：《近 50 年全球粮食贸易的时空格局与地域差异》，《资源科学》2010 年第 1 期。

的《农业协定》。

1.《农业协定》不公平的“基因”

20世纪六七十年代，美国和欧共体在农产品贸易上冲突不断，虽经多轮谈判，仍没有达成有效协议。80年代，冲突给各方都造成了损失，降低了经济效率。于是，1986年，美国、欧共体和凯恩斯集团[①]三大利益集团开始“乌拉圭回合”谈判。由于谈判涉及各方利益，难以达成协议，谈判过程异常艰苦，直到1993年12月15日谈判各方终于签署了《乌拉圭回合农业协定》。

在乌拉圭回合谈判之前，有关农产品国际贸易的谈判都是由美欧主导，实质上是美欧之间的利益博弈。乌拉圭回合谈判虽然加入了凯恩斯集团这个第三方力量，但是主要由发展中国家组成的凯恩斯集团在谈判中的力量显然不及美欧。由美欧主导的《农业协定》的产生过程已经包含了对发展中国家不公平的“基因”，谈判最终成果《农业协定》的内容充分证明了这一点。

2.《农业协定》不公平的内容

《农业协定》主要通过“市场准入；国内支持；出口竞争”三方面的约束承诺促进公平的自由贸易。这三方面的承诺对发展中国家都有其不公平性。《农业协定》具体的减让承诺如表6-5所示。

从削减幅度和过渡期看，《农业协定》确实给了发展中国家更多的“照顾”。但是，问题在于，发展中国家基期的关税、国内支持及出口补贴水平普遍较低，即使给了发展中国家更低的削减水平，削减到位后的水平仍会低于发达国家。因为发达国家基期水平高，削减后的绝对水平仍然较高。

（1）“市场准入”对发展中国家的不公平。《农业协定》要求成员国将非关税壁垒关税化并削减关税水平，并要求“各成员不得维持、采取或重新使用已被要求转换为普通关税的任何措施，除非第5条和附件5中

① 凯恩斯集团，一个非正式联合体，于1986年成立于澳大利亚凯恩斯。在乌拉圭回合多边贸易谈判中，凯恩斯集团是一个坚强的联合体，它要求撤销贸易壁垒并稳定削减影响农业贸易的补贴。这些国家有澳大利亚、阿根廷、巴西、智利、哥伦比亚、匈牙利、印度尼西亚、马来西亚、菲律宾、新西兰、泰国、乌拉圭、斐济和加拿大14个国家，其农产品出口占世界出口量的25%，但是，这些国家都没有对其农产品给予补贴。

另有规定”。[1] 在非关税壁垒关税化的过程中，由于《农业协定》关于计算方法、所用数据没有明确细致的规定，加之关税等值的计算并非由中立的国际机构执行，而是由各国自己完成，致使发达国家在关税等值确定过程中选用对自己有利的数据，极力扩大敏感产品的关税等值水平。结果是发达国家事实上保持了高的关税水平。这就是“肮脏的关税化”。发达国家通过肮脏的关税化、选择性的关税削减、弱化最低限度的市场准入及战略性地使用第5条特殊保障条款[2]，限制了本来就弱势的发展中国家进入发达国家市场。

表6－5　　　《农业协定》减让承诺　　　单位：%

承诺领域	具体约束承诺	发达国家（6年：1995—2000年）	发展中国家（10年：1995—2004年）
关税（基期：1986—1988年）	全部农产品平均削减	36	24
	每项产品最低削减	15	10
国内支持（基期：1986—1988年）	综合支持削减	20	13
出口补贴（基期：1986—1990年）	补贴额削减	36	24
	补贴量削减	21	14

资料来源：世界贸易组织《农业协定》。

（2）“国内支持”对发展中国家的不公平。《农业协定》对成员国的国内支持政策进行分类管理，分为黄箱政策、绿箱政策和蓝箱政策。黄箱政策是指造成贸易扭曲、需作出减让承诺的国内支持政策。《农业协定》要求各成员国用综合支持量来计算其政策的货币价值，并以此为尺度，逐步予以削减。绿箱政策是指没有对贸易造成扭曲或扭曲程度小、不需要作出减让承诺的国内支持政策。这些政策包括科研、技术推广、食品安全储备、自然灾害救济、环境保护和结构调整计划等。蓝箱政策是指“（a）在下列条件下，限产计划下给予的直接支付不在削减国内支持的承诺之列：（i）此类支付按固定面积和产量给予；或（ii）此类支付按基期

① 世界贸易组织：《农业协定》。

② 第5条特殊保障条款是指在进口数量过多或进口价格过低时，进口国可以征收附加关税。

生产水平的85%或85%以下给予；或（iii）牲畜支付按固定头数给予。（b）免除符合以上标准的直接支付的削减承诺，应反映在将这些直接支付的价值排除在一成员关于其现行综合支持总量的计算之外。”① 蓝箱政策是指与限产计划相关的支付可免予减让承诺。

在国内支持减让的基期1986—1988年，大部分发展中国家没有足够的财力实施黄箱政策，即使实施，支持水平也较低。减让后，发展中国家实际上失去了保护本国农业生产和贸易的政策空间。虽然绿箱政策和蓝箱政策不需减让，但对于发展中国家来讲，同样没有足够的财力有效实施绿箱政策和蓝箱政策。对于发达国家，情况完全不同。发达国家在减让基期的黄箱政策支持水平较高，减让后，仍然可以实施支持。同时，发达国家还通过将黄箱政策转化为绿箱政策和蓝箱政策继续实施支持，并且，发达国家有足够的财力实施新的绿箱政策和蓝箱政策。发展中国家通常没有财力实施国内支持政策，即使实施，空间已经被减让承诺压缩得很小了。而《农业协定》将发达国家的国内支持政策制度化、“合法化”了。

（3）“出口竞争”对发展中国家的不公平。《农业协定》第8条出口竞争承诺规定“每一成员承诺不以除符合本协定和其减让表中列明的承诺以外的其他方式提供出口补贴。”② 这一规定，实际上剥夺了在基期1986—1990年未实行出口补贴的国家再实行出口补贴的机会。与国内支持相比，出口补贴是更直接地扭曲贸易的方式。《农业协定》要求成员国作出减让出口补贴的承诺。对于普遍实行出口补贴的发达国家，仍可以继续实行补贴，只是减让补贴额和补贴量而已。出口补贴直接降低了出口农产品的价格，优质低价的发达国家农产品可以轻而易举地占领发展中国家的市场。发展中国家的食物主权和粮食安全受到威胁。

3.《农业协定》不公平的实质和后果

《农业协定》开篇载明“农业协定各成员，决定为发动符合《埃斯特角城宣言》所列谈判目标的农产品贸易改革进程而建立基础；忆及它们在乌拉圭回合中期审评时所议定的长期目标是‘建立一个公平的、以市场为导向的农产品贸易体制，并应通过支持和保护承诺的谈判及建立增强的和更行之有效的GATT规则和纪律发动改革进程’；又忆及‘上述长期

① 世界贸易组织：《农业协定》。

② 同上。

目标是在议定的期限内，持续对农业支持和保护逐步进行实质性的削减，从而纠正和防止世界农产品市场的限制和扭曲'；承诺在以下每一领域内达成具体约束承诺：市场准入；国内支持；出口竞争；并就卫生与植物卫生问题达成协议；同意在实施其市场准入承诺时，发达国家成员将充分考虑发展中国家成员的特殊需要和条件，对这些成员有特殊利益的农产品在更大程度上改进准入机会和条件，包括在中期审评时议定的给予热带农产品贸易的全面自由化，及鼓励对以生产多样化为途径停止种植非法麻醉作物有特殊重要性的产品；注意到应以公平的方式在所有成员之间作出改革计划下的承诺，并注意到非贸易关注，包括粮食安全和保护环境的需要，注意到各方一致同意发展中国家的特殊和差别待遇是谈判的组成部分，同时考虑改革计划的实施可能对最不发达国家和粮食净进口发展中国家产生的消极影响。"[①] 可见，《农业协定》旨在建立一个公平的自由贸易环境，为此，给发展中国家各种"照顾"。深入分析这个"自由贸易"和对发展中国家的"照顾"，会发现三个问题：

第一，所谓"自由贸易"就是消除各种壁垒，开放市场。与发展中国家相比，美欧发达国家农业技术先进，已实现机械化、规模化生产，生产率高，农产品生产成本低，即使不包含补贴因素，农产品价格也相对较低。而发展中国家主要以传统方式进行农业生产，生产率低，成本高。即使发达国家向发展中国家开放自己的市场，发展中国家的农产品也很难大规模进入。所谓开放市场，重点不在于发达国家向发展中国家开放市场，而是发达国家打开发展中国家的大门——发展中国家向发达国家开放市场。发展中国家市场一旦开放，发达国家优质低价的农产品就会大规模进入发展中国家市场，冲击发展中国家的农业生产，损害农业生产者的利益。长此以往，发展中国家必然丧失食物主权，同时失去粮食安全。

第二，发达国家给发展中国家的种种"照顾"，只是一个时间问题，是发达国家给发展中国家开放市场的一个期限。

第三，出口具有比较优势的产品是自由贸易的题中应有之义。发展中国家的粮食生产技术落后，生产规模小且分散，生产效率无法与发达国家相比，没有比较优势。发达国家则向发展中国家出口其具有比较优势的粮

---

① 世界贸易组织：《农业协定》。

食。发展中国家具有比较优势的产品主要是劳动密集型、适合分散小规模生产的产品。在自由贸易中，发展中国家将粮食生产资源用于生产具有比较优势的产品。发展中国家用于粮食生产的资源减少及粮食进口的增加必然威胁其食物主权和粮食安全。

以印度为例。“自从1991年印度开始贸易自由化以来，粮食生产的增长率已经下降：粮食增长率低于人口增长率，这对像印度这样有10亿人口的大国而言是一件非常不妙的事。而且重心已经转移到公司农业。现在许多资助流向农业综合产业以及出口作物；而相反，小农场主已经没有任何补贴。结果是许多优质的生产主粮的土地转为种植出口作物，于是我们不得不进口主粮。”①“政府大力支持花卉种植，主要是将其出口到欧洲。在这种情况下，不是花农而是中间商看到了从花卉出口中即将获得的钞票。我们对养花的投资是每英亩136美元，而我们只挣到30美元。因此我们是花大钱挣小钱。我们现在能买得起的食物只相当于原来食物的1/4。”印度将粮食生产资源用于生产具有“比较优势”的花卉以供出口，结果是，粮食增长率下降，粮食进口增加，而营养不足发生率在1992年至今的20多年时间里没有显著下降。自由贸易已经切实地影响了印度的粮食安全。

《农业协定》不公平的实质在于：自由贸易为发达国家打开了发展中国家的大门，发达国家凭借其比较优势和被《农业协定》制度化了的各种保护措施“占领”了发展中国家的农产品和粮食市场。其后果是：直接威胁了发展中国家的食物主权和粮食安全。

（二）国际贸易及其规则对中国粮食安全的影响

1. 开放了中国农产品市场

中国是发展中国家，上述对发展中国家不公平的贸易规则同样影响中国及中国的粮食安全。在世界贸易组织多哈2001年11月10日《中华人民共和国加入议定书》（以下简称《加入议定书》）中，又明确和强化了一些规则。《加入议定书》第7条非关税措施第2款规定，“在实施GATT 1994第3条、第11条和《农业协定》的规定时，中国应取消且不得采取、重新采取或实施不能根据《世界贸易组织协定》的规定证明为合理

---

① ［美］约翰·马德莱：《贸易与粮食安全》，熊瑜好译，商务印书馆2005年版，第96页。

的非关税措施。”① 第12条农业规定：“1. 中国应实施中国货物贸易承诺和减让表中包含的规定，以及本议定书具体规定的《农业协定》的条款。在这方面，中国不得对农产品维持或采取任何出口补贴。2. 中国应在过渡性审议机制中，就农业领域的国营贸易企业（无论是国家还是地方）与在农业领域按国营贸易企业经营的其他企业之间或在上述任何企业之间进行的财政和其他转移作出通知。”②《加入议定书》和《农业协定》对中国的关税和非关税措施及出口补贴做了明确的规定。中国的农产品贸易市场由此开放了。

2. 降低了中国农产品关税水平

中国农产品关税由加入世界贸易组织前的54%下降到目前的15.3%，而目前世界农产品关税的平均水平是62%。中国农产品平均关税水平还不足世界平均水平的1/4。大豆的关税水平仅为3%。中国对小麦、玉米、大米、食糖、棉花、羊毛等重要农产品实行关税配额管理，配额外关税最高也只有65%。③

“美国整体关税水平较低，2011年所有产品的平均关税水平仅为3.5%，农产品的简单平均最惠国实施税率为5.0%，加权平均税率为4.5%，略高于整体平均关税水平。美国农产品关税税目共1595个，其中免税税目占总税目的32.7%，税率超过15%的税目占总税目的5.6%……美国农产品从价税的比例仅为59.8%，对农产品实施种类繁多的非从价税管理。美国农产品关税管理措施主要包括关税调节、关税配额、关税高峰、农产品关税特别保护措施等。此外，美国政府还以对农业生产的数量和价格进行财政补贴的方式保护本国农业。”④ 与美国相比，欧盟农产品的关税水平明显高，免税税目比明显低。同作为发达国家的日本的关税水平更高。作为发展中国家的印度的关税水平很高，而中国的关税水平明显偏低，不仅低于日本，在某些税目上也低于欧盟。美国、欧盟、日本、印度及中国谷物及制品的关税水平如表6－6所示。

---

① 世界贸易组织：《中华人民共和国加入议定书》。

② 同上。

③ 余菲：《中国农产品平均关税水平仅为世界水平的1/4 粮食进出口现状分析》，前瞻网，http：//www.qianzhan.com/qzdata/detail/149/141113－adea2604.html。

④ 王琦、田志宏：《农产品关税政策与实施——基于美国、欧盟、印度和日本的案例分析》，《经济研究参考》2013年第19期，第54页。

表 6-6 2011 年谷物及制品关税水平 单位:%

最终约束税率	美国	欧盟	印度*	日本	中国
平均税率	3.5	20.3	115.7	73.4	23.7
免税税目比	20.8	6.3	0.0	8.2	3.3
最高税率	54.0	167.0	150.0	859.0	65.0

注：*表示印度的数据来自 2010 年。

资料来源：王琦、田志宏：《农产品关税政策与实施——基于美国、欧盟、印度和日本的案例分析》，《经济研究参考》2013 年第 19 期。

3. 国外粮食大举进入中国

由于资源有限、技术落后，中国农业生产成本相对较高。中国粮食价格高于国际市场价格。据北京大学国家发展研究院副教授徐远测算，2013 年"大米、玉米、大豆、小麦四种谷物的价格都是国内远高于国际，分别高出 73 美元/吨、180 美元/吨、530 美元/吨、103 美元/吨。看比例的话，分别高出 17%、88%、60%、33%。上面这四个比例数字的简单平均是 50%，也就是说国内粮价平均比国外高出一半。国内消费中大米、玉米的占比高，小麦、大豆的占比低，用消费 0 量做加权平均的话，结果差不多，也在 50% 左右"。① 2015 年，"国际大豆、玉米、小麦、大米价格分别比国内价格每吨低 1175 元、923 元、626 元和 1143 元。"② 国外粮食价格低，进入中国市场的壁垒低，结果必然是国外粮食大举进入中国。本书表 3-4 显示，自 2011 年，中国谷物、薯类、豆类三大类粮食的人均净进口量均呈明显上升趋势。其中，大豆市场已经完全被国外大豆占领，中国已经失去了大豆主权和安全。

玉米是中国最主要的粮食作物之一，曾是中国主要的粮食出口品种。自 2000 年以来，中国国内玉米价格均明显高于同期美国和国际市场价格（其间只有 2008 年全球粮食危机时国际玉米价格高于中国国内价格）。国外玉米的低价、低进入壁垒及中国对玉米的巨大需求，必然使国外玉米大举进入中国。从 2010 年开始，中国由玉米净出口国变为净进口国，而且进口量在增加。与玉米形势相同，作为中国最主要口粮的小麦和稻米的净

① 徐远：《粮食高度自给的代价》，http://www.thepaper.cn/www/resource/jsp/newsDetail_forward_1273525。

② 任正晓：《解决好吃饭问题始终是治国理政的头等大事》，《求是》2015 年第 9 期。

进口量近年来也在增加。

国外低价的粮食进入中国，增加了中国粮食供给，满足了中国粮食需求，促进了中国粮食供给数量的安全。但同时，粮食净进口也损害了中国国内生产者的利益，降低了他们的福利水平。更为严重的是，粮食净进口量增加，威胁了中国粮食供给的结构安全。如果过度依赖净进口，中国必将失去食物主权和粮食安全。

第三节　粮食消费方面

一　粮食生产消费方面影响粮食安全的因素

前文分析表明，如果中国的粮食供给首先用于食用，那么，数量足以满足全体居民的需要。但事实是，粮食食用和非食用的消费是同时进行的，这就产生了非食用粮食消费对食用粮食消费的“挤出”问题。在非食用粮食需求中，种子用粮是必须满足的，损耗和浪费在第二节第二个问题中已分析过了，这里分析加工用粮需求对粮食安全的影响。

将粮食加工成为适量的白酒、淀粉、酒精、酱油等生活必需品是合理的。但是，如果将过多的粮食用于加工，必然会减少食用粮食数量，损害粮食安全。白酒是中国人生活中的必需品之一，白酒文化是中国灿烂的传统文化内容之一。但是，过量白酒的生产消耗了大量粮食，给粮食安全造成威胁。1990—2014 年白酒产量如图 6 - 6 和图 6 - 7 所示。

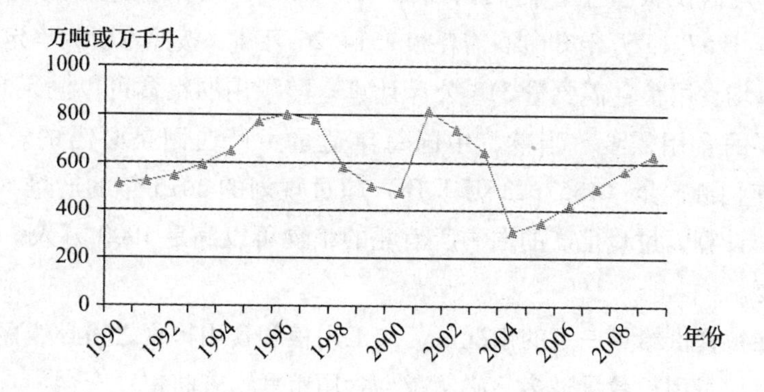

图 6 - 6　1990—2009 年中国白酒产量

资料来源：《中国食品工业年鉴》(2010)，中华书局 2011 年版，第 126 页。

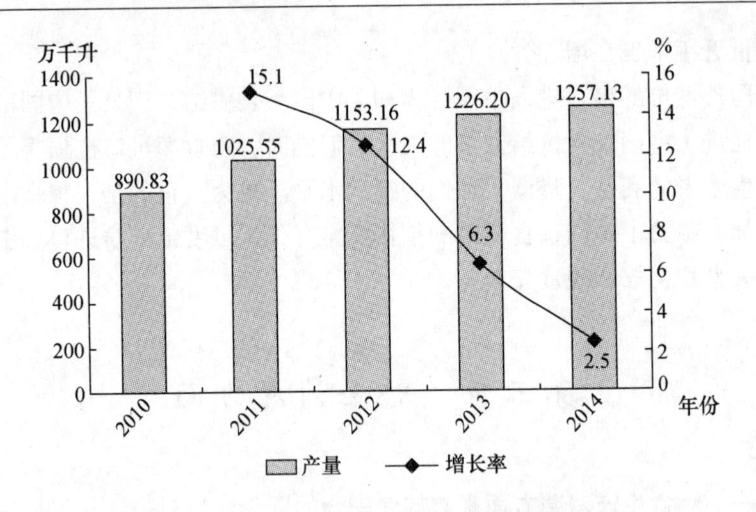

图 6-7　2010—2014 年中国白酒产量及增长率

资料来源：中商情报网，http：//www.askci.com/news/chanye/2015/02/05/143428xe9k.shtml。

2009 年，白酒产量 632.71 万千升。图 6-6 和图 6-7 显示，自 2004 年开始，白酒产量持续增长。“根据《中国酿酒产业‘十二五’发展规划》，到 2015 年，全行业将实现酿酒总产量 8120 万千升，其中白酒行业预计产量将达到 960 万千升，销售收入达到 4300 亿元。但在‘十二五’开局年的 2011 年，中国的白酒产量就高达 1025.6 万千升，提前 4 年，超额完成了 2015 年的规划目标。”① 实际的白酒产量明显超过规划产量，说明白酒产量过多了。本书没有关于白酒耗粮的准确数据，这里做一个粗略的估算。假设粮食生产白酒的出酒率为 50%（实际上达不到这么高），2014 年 1257.13 万千升白酒需耗粮 2514.26 万吨，按照本研究确定的安全的年人均食用粮食需要量 313 公斤计算，酿酒用的粮食可以满足 8000 万人一年的食用需要。当然，中国每年适量生产白酒是必需的。仅按照 2014 年白酒产量（1257.13 万千升）超过规划的 2015 年的产量（960 万千升）计算，过量生产的白酒所消耗的粮食可以满足 1900 万人一年的食用需要。

在粮食供给量一定的情况下，加工用粮和食用粮食之间必然存在替代关系。加工用粮数量过多，必然减少食用粮食，威胁粮食安全。

① 《2014 白酒行业白皮书》，http：//topic.eastmoney.com/bjhybps/。

二　粮食生活消费方面影响粮食安全的因素

（一）收入分配差距

1. 中国人均收入水平

世界银行按人均国民总收入将世界各国分成低收入国家、中等偏下收入国家、中等偏上收入国家和高收入国家四组。具体分组标准根据经济发展情况进行动态调整。世界银行公布的2010年最新收入分组标准为：人均国民收入低于1005美元为低收入国家；人均国民收入在1006—3975美元为中等偏下收入国家；在3976—12275美元为中等偏上收入国家；高于12276美元为高收入国家。[①] 按照这一标准，中国2010年人均国民收入已超过4000美元，进入中等偏上收入国家行列。2014年，中国人均国民收入超过7000美元，按人民币计超过40000元。同时，中国居民人均可支配收入也达到较高水平。2013年中国居民人均可支配收入18310.76元，2014年达20167.12元。

中国人均国民收入进入中等偏上收入国家行列，但不等于中国全民收入进入中等偏上收入行列；中国人均可支配收入超过20000元，但不等于中国全民可支配收入超过20000元。

2. 人均收入较高条件下存在饥饿人口原因的逻辑分析

从人均收入及前文给出的人均粮食供给量数据看，中国不应该存在饥饿问题，但问题确实发生了。在人均收入较高、粮食供给量充足的条件下，仍然存在饥饿人口的原因，符合逻辑的推论必然是收入和粮食在人口之间分布不均衡——部分人没有获取足够的收入和粮食。其中，收入分布不均衡是根本的，收入分布不均衡导致了粮食分布的不均衡。因为，在当代世界，农业生产已经实现专业化，由部分人口生产全部人口所需的粮食。全部粮食再通过市场即价格实现在个人之间的分配。因此，每个人能够得到的粮食数量不是由他的产量决定的，而是由他的购买力决定的，他的购买力又是由他的收入水平决定的。即使人均收入高，但是如果收入分配差距大，低收入人口的收入很低，必然造成低收入人口对粮食商品的需求能力不足，进而产生饥饿问题。

3. 中国的收入分配差距

（1）基尼系数。反映收入分配差距的基本指标是基尼系数。本书中

---

① Data/The World Bank：http：//data. worldbank. org/.

表4－5给出了来源于“标准化世界收入不平等数据库Swiid”的中国基尼系数。Swiid数据显示，中国的基尼系数自1999年开始，至2013年，持续超过国际警戒线0.4，自2007—2013年更是明显超过0.5。中国国家统计局公布的基尼系数虽低于Swiid数据，但自2000年以来也是明显超过国际警戒线。如表6－7所示。

表6－7 中国国家统计局公布的基尼系数

年份	1978	1988	1995	1999	2000	2001	2002	2003	2004	2005
基尼系数	0.180	0.341	0.398	0.397	0.417	0.437	0.448	0.479	0.473	0.485
年份	2006	2007	2008	2009	2010	2011	2012	2013	2014	—
基尼系数	0.487	0.484	0.491	0.490	0.481	0.477	0.474	0.473	0.469	—

Swiid和中国国家统计局的数据略有不同，但共同反映出中国自进入21世纪以来，收入分配差距过大。

（2）城乡居民收入分配差距。中国城乡居民收入差距由来已久，近年来，有进一步扩大趋势，具体如图6－8所示。2012年城镇居民家庭人均可支配收入是农村居民家庭人均纯收入的3倍多。

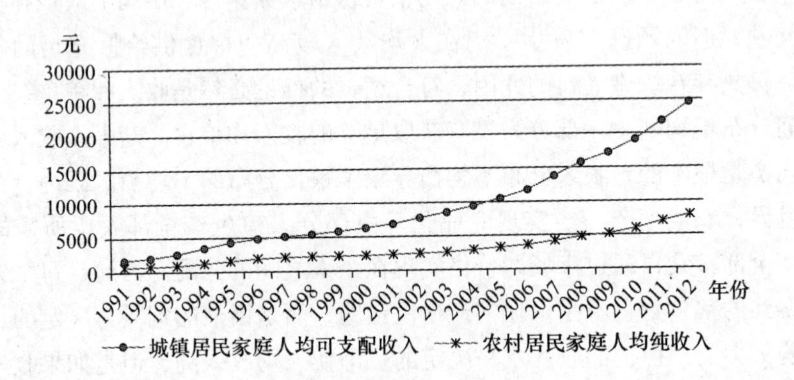

图6－8 城乡居民家庭人均收入

资料来源：中国国家统计局年度数据。

（3）农村居民收入分配差距。按收入五等分农村居民家庭人均纯收入数据显示，低收入户人均纯收入与高收入户人均纯收入之间存在明显差距，并且差距呈现扩大趋势，如图6－9所示。2012年，高收入户的人均纯收入是低收入户的8倍多。

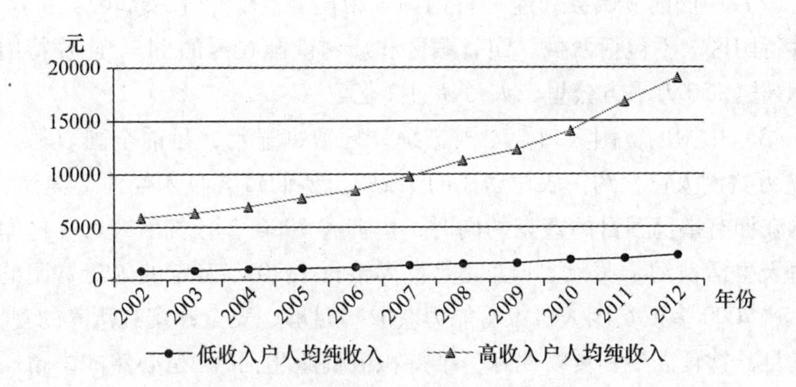

图6－9　农村低收入户和高收入户人均纯收入

资料来源：中国国家统计局年度数据。

图6－9显示，中国收入分配差距过大，基尼系数已明显地、长期地超过国际警戒线，同时，城乡之间、农村内部收入分配差距呈现持续扩大趋势。这充分说明，中国人均收入的增长是不均衡的。中国农村低收入者人均纯收入水平低且增长缓慢，使农村低收入者在客观上具有了无力满足自身基本生活需要的可能性。在中国贫困地区，这种可能性成为现实。

4. 中国的富豪与贫困地区及贫困人口

（1）中国的富豪。中国是仅次于美国的世界第二大经济体，中国也拥有着仅次于美国的富豪人数，并且，中国富豪人数及其财富增加的速度明显快于同期中国经济的增长速度。据美国《福布斯》网站报道，2015年《福布斯》全球亿万富豪榜上的中国大陆富豪人数达到213人，相比2014年的152人大幅增长，成为仅次于美国的富豪之邦。[①] 另据《福布斯》中文版和友邦集团联合公布《2015中国高净值人群寿险市场白皮书》显示，预计到2015年年底，中国私人可投资资产1000万元以上的高净值人群规模将达到112万人。报告发现，2014年年底，中国私人可投资资产总额约106.2万亿元，与2011年相比，3年间可投资资产总额增加了

① 《中国百万富翁人数2015年有多少？上千万人了!》，http：//www.mrmodern.com/life/5188.html。

33.1万亿元，平均年增长率为13.3%。[①]

（2）中国的贫困县和连片特困区。中国有592个国家贫困县，14个连片特困区。不包括西藏、四省藏区和新疆南疆在内的11个连片特困区面积超过150万平方公里，人口超过2亿。

（3）中国的贫困人口。“国家统计局数据显示，目前全国农村尚有7017万贫困人口，约占农村居民的7.2%。他们每天收入仅约1美元。”[②]中国在拥有举世瞩目的富豪的同时，也拥有7000多万贫困人口，他们每人每天生活费约1美元。1美元是世界银行1990年确定的绝对贫困的标准。这7000多万贫困人口没有能力获取“足够、安全和富有营养的食物，以满足其饮食需要和食物偏好，维持积极健康生活”，是必然的事情。干净水、铺面道路、是否通车等指标是联合国粮农组织衡量食物安全成套指标中的内容。中国部分农村地区这些指标数值低，也表明中国这些地区存在饥饿问题。

（二）社会保障制度

前文研究表明，中国的粮食供给量足以满足全体居民食用需要，但是，非食用粮食需要会“挤出”食用粮食需要，造成粮食不安全。那么，如果假设政府干预消费，要求在满足食用需要的前提下才可以将粮食用于加工等非食用用途，是不是就不会有饥饿人口了呢？答案是否定的。因为，中国同时还有较大的收入分配差距，收入水平低甚至没有收入的人没有能力购买粮食，仍将饥饿。在这样的情况下，如果政府的社会保障制度健全，用钱或直接用粮食给贫困人口提供保险或救助，这将在很大程度上解决贫困人口的饥饿问题。但事实是，中国的社会保障制度特别是针对农村贫困人口的社会保障制度不健全，致使饥饿问题没有得到有效缓解。

中国农村的社会保障制度包括社会救助和社会保险。

1. 农村的社会救助制度

在计划经济时期，农村的救助制度以“五保”供养和贫困户救助为主要内容。由于当时整个社会经济发展水平低，农村救助对象范围小，救助水平低，没有起到应有的作用。直到2006年，国务院通过并实行《农村五保供养工作条例》，改革开放后的农村救助制度才真正开始规范化、

---

① 《中国千万富豪人数达到112万平均年龄43岁》，http://news.ifeng.com/a/20150718/44195932_0.shtml。

② 《全国农村尚有7017万贫困人口》，《春城晚报》2015年6月23日第A13版。

制度化。2007年7月11日，国务院又发布了《关于在全国建立农村最低生活保障制度的通知》[1]（以下简称《通知》）。《农村五保供养工作条例》的施行和农村最低生活保障制度的建立，标志着农村救助制度的建立。

（1）农村“五保”供养制度。农村“五保”供养制度因其救助对象仅为“无劳动能力、无生活来源又无法定赡养、抚养、扶养义务人，或者其法定赡养、抚养、扶养义务人无赡养、抚养、扶养能力的”老年、残疾或者未满16周岁的村民，救助对象范围非常小，不涉及其他贫困人口的救助问题。所以，农村“五保”供养制度无法解决贫困人口的饥饿问题。

（2）农村最低生活保障制度。关于农村最低生活保障制度，国务院《通知》明确指出：“建立农村最低生活保障制度的目标是：通过在全国范围建立农村最低生活保障制度，将符合条件的农村贫困人口全部纳入保障范围，稳定、持久、有效地解决全国农村贫困人口的温饱问题。”从制度建立的目的上看，农村最低生活保障制度应该能够解决贫困人口的吃饭问题，实现粮食安全，但是，制度设计的缺陷及其在实施过程中的问题使它远没有达到最初的目的。

对于农村最低生活保障制度的总体要求，《通知》指出：“建立农村最低生活保障制度，实行地方人民政府负责制，按属地进行管理。各地要从当地农村经济社会发展水平和财力状况的实际出发，合理确定保障标准和对象范围。”对于资金来源，《通知》指出：“农村最低生活保障资金的筹集以地方为主，地方各级人民政府要将农村最低生活保障资金列入财政预算，省级人民政府要加大投入。地方各级人民政府民政部门要根据保障对象人数等提出资金需求，经同级财政部门审核后列入预算。中央财政对财政困难地区给予适当补助。”显然，在农村最低生活保障制度设计上，国务院贯彻的是地方政府“自负”、“自理”的原则，即责任自负、资金自理。这种制度，对于经济相对发达的地区没有问题。因为在经济发达地区，需要救助的人口本来就少，加上地方政府财力强大，地方政府完全可以做到对贫困人口的责任自负、资金自理。事实也是如此，中国的贫困县和连片特困区无一出现在东部沿海发达地区。但是，对于贫困地区，需要救助的人口数量多，地方政府财力有限，国务院虽表明“中央财政对财

① 《国务院关于在全国建立农村最低生活保障制度的通知》，中国政府网。

政困难地区给予适当补助”，但对于中央对地方的补助数额没有说明，也就是这种补助具有很大的不确定性，结果是，贫困地区的地方政府没有能力解决贫困人口的温饱问题。

2. 农村的社会保险制度

中国农村的社会保险制度以养老保险和医疗保险为主要内容。

（1）养老保险。中国现行的农村养老保险制度始于2009年国务院开展的新型农村社会养老保险试点。这种养老保险制度被称为“新农保”。新农保基金由个人缴费、集体补助和政府补贴三部分构成。中央确定的基础养老金标准为每人每月55元。新农保在基金筹集方面，明确了政府的最低补助标准，给了农民切实的保障。因此，新农保参与率较高，总体实行效果较好。但是，对于贫困地区的贫困人口，新农保没有为他们提供有效的保障。因为根据要求，只有在新农保制度实施时，已年满60周岁、未享受城镇职工基本养老保险待遇的，可以按月领取55元的基础养老金。对于新农保制度实施时未满60周岁的人口，仍需缴费才能享受养老保险待遇。对于贫困人口，只要涉及个人缴费，实质上就被排除在了制度保障之外，因为他们无力缴费。虽然国务院也要求地方政府为缴费困难的人缴纳部分或全部养老保险费，但对于贫困地区的政府，遇到了与实施最低生活保障制度一样的问题，即政府本身就财政困难，自然无力承担贫困人口的缴费负担。即使对于无须缴费就可以每月领取55元基础养老金的贫困人口而言，55元也解决不了他们的温饱问题。2014年，国务院又将基础养老金最低标准提高至每人每月70元。虽然基础养老金标准提高了，但是对于贫困人口而言，情况没有根本改变，因为按照新的意见，贫困人口仍需缴费。新农保制度仍没有解决贫困人口的温饱问题。

（2）医疗保险。农村现行的医疗保险制度简称新农合，始于2002年。此前农村虽有医疗保险制度，但很不完善，作用很小。2015年1月，国家卫生和计划生育委员会、财政部共同发出通知，提出提高筹资水平、增强保障能力、全面实施大病保险制度。新农合制度实施比较成功，在为农民提供医疗保障，缓解农民因病致贫、因病返贫方面起到了积极的作用。新农合的参保率明显高于新农保的参保率。但是，新农合的参保率仍然没有达到100%。贫困地区的贫困人口参保率低。加之医疗费用是按比例报销，农民自身还要负担一部分。所以，新农合不仅不能解决贫困人口的贫困问题，而且不能完全避免部分农民因病致贫、因病返贫的问题。

（三）浪费

粮食不仅在流通过程有着巨大的损耗和浪费，在消费环节的浪费同样触目惊心。中央电视台的一则公益广告显示，中国每年餐桌浪费的食物价值2000亿元，相当于2亿人一年的食物。粮食消费环节的浪费主要出现在酒店、学校食堂和家庭。与世界的情况一样，如果中国没有食物浪费，那么，中国就没有饥饿人口。

本章小结

粮食自给率不足100%是威胁中国粮食安全的一个基本因素。但是，风险的发生是其他因素共同作用的结果。对于粮食产量，在资源和技术约束一定的条件下，政策是影响粮食产量的一个重要因素，因而也是影响粮食安全的重要因素。粮食流通方面，粮食价格形成机制不完善，政府最低收购价格高于均衡的市场价格，引起资源过度向有托市价的粮食品种集中，在粮食产量增加的同时造成资源的破坏和浪费，给未来的粮食安全造成隐患。粮食损耗和浪费减少了最终的粮食供给量，是造成粮食不安全的一个重要因素。中国仅每年浪费的粮食就足以满足全部饥饿人口的需要。中国加入世界贸易组织之后，开放了粮食市场，国外优质低价粮食大举进入中国。粮食净进口量增加，威胁了中国粮食供给的结构安全。如果过度依赖净进口，中国必将失去食物主权和粮食安全。粮食生产消费方面，加工用粮需求减少了食用粮食的供给量，是造成粮食不安全的因素之一。粮食生活消费方面，中国收入分配差距大，贫困人口没有购买所需粮食的能力。如果政府的社会保障制度健全，用钱或直接用粮食给贫困人口提供保险或救助，将在很大程度上解决贫困人口的饥饿问题。但事实是，中国的社会保障制度特别是针对农村贫困人口的社会保障制度不健全，致使饥饿问题没有得到有效缓解。收入分配差距大并且社会保障制度不健全，使贫困人口不能够“在物质、社会和经济上获取足够、安全和富有营养的食物”。中国粮食“获取”不安全。

第七章　基于主权的中国粮食供给模式及来源结构选择

第一节　粮食及粮食问题的性质

一　粮食及粮食问题的经济性质

研究中国应如何供给粮食以实现粮食安全的问题，首先应明确粮食及粮食问题的性质。

粮食首先是生存必需品。在市场经济条件下，粮食成为商品。粮食生产者将粮食拿到市场上出售，粮食消费者通过市场购买所需的粮食。粮食贸易已成为国际贸易的重要内容。联合国粮农组织称，2014—2015 年度全球粮食贸易量预期达到 3.32 亿吨[①]，2014 年全球粮食产量约 24.58 亿吨[②]，粮食贸易量约占全球粮食产量的 13.5%。2014 年世界粮食进口额约 1.29 万亿美元[③]，当年世界商品进口额为 19.01 万亿美元[④]，粮食进口额约占当年世界商品进口额的 6.8%。

粮食问题首先是一个经济问题。粮食生产者会根据“看不见的手”的引导进行生产决策，粮食消费者会在保证生存的前提下按照效用最大化的原则进行消费决策。粮食剩余的国家和粮食短缺的国家会通过国际贸易调剂余缺。粮食问题可以通过经济原则和方法得当解决。

---

① 《全球 2014/2015 年度粮食贸易将达 3.32 亿吨》，http：//finance.sina.com.cn/money/future/20140610/101419365419.shtml。

② 《2014 年全球粮食贸易将达到创纪录水平》，http：//www.chinairn.com/news/20140603/144430618.shtml。

③ 同上。

④ 世界银行数据，http：//data.worldbank.org.cn/topic/trade。

二　粮食及粮食问题的政治性质

关于粮食对于国家的重要意义，春秋时期政治家管子有充分论述。在《管子》之《治国》篇中，管子论述道："民事农则田垦，田垦则粟多，粟多则国富。国富者兵强，兵强者战胜，战胜者地广。……不生粟之国亡，粟生而死者霸，粟生而不死者王。粟也者，民之所归也；粟也者，财之所归也；粟也者，地之所归也。粟多则天下之物尽至矣。……粟者，王之本事也，人主之大务，有人之涂，治国之道也。"这段话的核心含义就是：有足够的粮食是国家长治久安的根本。

在市场经济条件下，粮食成为商品，但它仍然是生存必需品。粮食作为生存必需品的性质，使它不是完全由"看不见的手"摆布，而是成为国家间博弈的政治工具。粮食作为生存必需品的历史比它作为商品的历史更悠久；粮食作为政治工具的影响力比它作为商品的影响力更让世人瞩目。如果一个国家以其政治、军事实力控制了另一个国家的粮食供给，那么被控制的国家必然失去其独立和主权。"1974 年，美国中央情报局以《人口、农业生产和气候趋势的潜在后果》为题进行过一项研究。这项研究为美国的粮食政策与美国利用粮食针对第三世界国家开展的外交活动下了一个非常明确的定义：世界对美国粮食越来越大的依赖'预示着美国权力和影响的增长，特别是对那些穷困的、缺少农业资源的国家来说更是这样'。第三世界缺粮'可使美国得到前所未有的一种力量，……华盛顿对广大的缺粮者实际上就拥有生杀予夺的权力'。"[①] 著名的美国战略家、前国务卿亨利·基辛格说过一句话："Control oil and you control nations; control food and you control the people"[②]（控制了石油，你就控制了国家；控制了粮食，你就控制了人类）。

粮食问题首先是经济问题，同时也是政治问题。1980 年，美国的卡特政府为了制裁苏联出兵阿富汗，曾对苏联实行粮食禁运。"冷战"早期，美国也曾对中国实行粮食禁运，在中国"三年困难时期"，美国甚至拒绝给澳大利亚、加拿大等国向中国运送粮食的商船加油。

粮食是生存必需品，是商品，同时也是政治工具；粮食问题既是经济问题，同时也是政治问题。在明确粮食及粮食问题性质的基础上，研究中

① 石如东：《粮食：美国对外政策的战略武器》，《当代思潮》1995 年第 2 期，第 52 页。

② Global Research，http：//www.globalresearch.ca/accurate－satire－henry－kissinger－if－you－can－t－hear－the－drums－of－war－you－must－be－deaf/28610.

国应如何供给粮食以实现粮食安全的思路必然是，在维护国家政治安全和主权的前提下供给粮食，实现粮食安全。

第二节 食物主权——实现持久粮食安全的基础

食物主权（food sovereignty）概念是由国际性农民运动组织“农民之路”在1996年召开的特拉斯卡拉会议中提出的。食物主权的主要内容在这次及其后的多次会议及宣言中得到阐述。对于“food sovereignty”，中国学者多使用“粮食主权”一词。董晓萍（2006）从民俗学的角度，周立（2008）、严海蓉（2010）从社会学的角度对粮食主权问题进行了研究。赵放等（2009）从经济学角度对粮食主权与世界贸易组织贸易体制的关系进行了研究，认为，在由发达国家主导的世界贸易组织农产品贸易体制下，出现了新的贫困和饥饿问题，获益的是跨国公司，因此，应该对世界贸易组织的农产品贸易体制进行重新审视，尊重并恢复和建立各国的粮食主权。江虹（2012）在对全球高粮价的现状和原因进行分析的基础上，提出粮食主权是“全球高粮价危机的应对之策”的观点。胡莹（2014）提出，以国家主权捍卫粮食安全、以地方化小规模农业取代全球化商业化农业，即主张以粮食主权保障粮食安全的观点。

上述学者在不同领域从不同角度对粮食主权问题进行了研究，但是，对于粮食主权概念的起源及其基本内涵没有进行客观的介绍。本书在参阅“农民之路”几个会议宣言和几个国际组织文献的基础上，试图忠实原文地对食物主权的概念和内容进行介绍，并探讨食物主权对于粮食安全的重要意义。

一 食物主权概念的提出

1996年4月18—21日，来自37个国家69个组织的“农民之路”代表在墨西哥特拉斯卡拉召开会议并发表了宣言。宣言声明：“我们致力于创造一个以尊重我们自己和地球、食物主权和自由贸易为基础的乡村经济。”[①]这是食物主权概念首次被正式提出。

《特拉斯卡拉宣言》重点抨击了新自由主义经济制度，认为它是造成贫困和土地、水等自然资源日益退化的主要原因；它将农产品生产、采购、分配置于全球市场化的制度框架下；它将自然和人作为获取利润的手段。宣言认为，土地、财富和权利集中在大土地所有者和跨国公司手中，否定了农民掌握自己命运的可能性。宣言谴责了世界银行和 IMF 针对贫困人口制定高价的新自由主义行为，主张世界贸易组织必须将农民和小农场主的利益充分考虑在内。宣言还提出了 11 项实现目标的具体策略。

《特拉斯卡拉宣言》虽然没有对食物主权的含义和具体权利要求进行全面、细致的阐述，但对新自由主义经济制度及国际组织的抨击体现了食物主权的基本思想。

二　食物主权的含义

（一）“农民之路”《班加罗尔宣言》对食物主权含义的界定

2000 年 10 月 3—6 日，来自 40 多个国家、代表千百个农民组织和千百万农民家庭的 100 多位“农民之路”代表在印度班加罗尔召开会议并发表了宣言。这次会议及宣言明确提出了食物主权的含义，称“我们要求食物主权——它是指生产我们自己的食物的权利。”[②]

宣言反对全球新自由主义议程，认为世界贸易组织和区域贸易协定的强制实施正在破坏农民的生活、文化和自然环境；强制实施的地区和全球性的农产品贸易自由化正在给农民生产的许多食品造成灾难性的低价。随着廉价进口食物冲击当地市场，农民和农户不能再为他们的家庭和社区生产食物，并被迫离开土地。在世界各地，不公平的贸易安排正通过强加新

---

① Tlaxcaia Declaration of The Vía Campesna（2007 - 09 - 20），http：//viacampesina. org/en/index. php/our - conferences - mainmenu - 28/2 - tlaxcala - 1996 - mainmenu - 48/425 - ii - international - conference - of - the - via - campesina - tlaxcala - mexico - april - 18 - 21.

原文：We are determined to create a rural economy which is based on respect for ourselves and the earth，on food sovereignty，and on fair trade。

② Bangalore Declaration of The Via Campesina（2000 - 10 - 06），http：//viacampesina. org/en/index. php/our - conferences - mainmenu - 28/3 - bangalore - 2000 - mainmenu - 55/420 - bangalore - declaration - of - the - via - campesina.

原文：We demand food sovereignty，which means the right to produce our own food。

的饮食模式来破坏乡村社区和文化。食物是文化的关键部分，新自由主义议程正在破坏人们生活和文化的基础。宣言还谴责了世界银行、IMF及其他国际机构，认为它们实施的所谓“农村发展政策”实则是对农民的土地、水和遗传资源等共同财富的掠夺。宣言结尾称：“农民之路致力于实现食物主权，并将参与抵制廉价食物进口的一项世界性运动。”

班加罗尔会议和宣言在继续抨击新自由主义的同时，重点反对的是世界贸易组织和区域贸易协定对各国特别是农村食物主权的破坏。

（二）“food sovereignty”——“食物主权”与“粮食主权”之辨

在提出并阐述“food sovereignty”一词的“农民之路”多个会议宣言中，“food”不仅包括种植业产品，也包括牧业、渔业产品，更重要的是，“food”还包括当地人利用种植业、牧业、渔业等产品为原料进行加工的食物产品。并且，宣言在文化的意义上使用“food”一词。宣言提出，“Food is a key part of culture”[①]（食物是文化的关键部分），宣言中多次用到“traditional foods”（传统食物）、“food traditions”（食物传统）等词语。宣言所主张的主权不仅包括粮食生产和贸易方面的主权，而且包括饮食模式和饮食文化方面的主权。可见，在“food sovereignty”问题上，“粮食”一词不能充分表达“food”一词的含义，将“food”翻译为“食物”更准确。“食物”既包括第一产业从自然界获取的产品，也包括加工的食物产品。所以，“food sovereignty”应翻译为“食物主权”而非“粮食主权”。

（三）IAASTD对食物主权含义的界定

2002年，世界银行与联合国粮农组织发起了国际农业知识与科技促进发展评估项目（IAASTD）。这个项目的目的是评估过去、现在和将来农业知识与科技对下述方面产生的影响：减少饥饿和贫困；改善农村生计和人体健康；公平的，社会、环境、经济方面可持续的发展。2004年8月底，评估工作正式启动，2008年评估工作完成并形成一个全球性和五个次全球性的报告、一个全球性和五个次全球性的《供全球决策者使用的摘要》、一个贯穿性的《综合报告》（附带《报告摘要》）。来自世界各地区的几百名专家参加了上述报告的编写和同行审查工作。IAASTD以名

① Tlaxcala Declaration of The Vía Campesina (2007-09-20), http://viacampesina.org/en/index.php/our-conferences-mainmenu-28/2-tlaxcala-1996-mainmenu-48/425-ii-international-conference-of-the-via-campesina-tlaxcala-mexico-april-18-21.

词解释的形式将食物主权定义为："食物主权是指人民和主权国家民主地决定其农业及食物政策的权利。"①

三　食物主权的内容

2007年，来自80多个国家的500多名代表在马里的一个村庄聂乐内召开会议并发表宣言，"以强化一项争取食物主权的全球性运动"。② 本次会议和宣言详细阐述了食物主权的内容。

宣言表示，我们中大多数人都是食物的生产者，我们作为食物生产者的传统对人类的未来至关重要。但是这种传统和我们生产健康、良好、充足食物的能力正受到新自由主义和全球资本主义的威胁和破坏。

宣言解释道，食物主权是人们获取健康、符合文化、通过符合生态和可持续方法生产的食物的权利，以及确定他们自己食物和农业制度的权利。它将那些生产、分配和消费食物的人们——而不是市场和公司的要求，置于食物制度和政策的中心。它提供了一个抵制和消除当前公司贸易和食物制度的战略，以及由当地生产者决定食物、种植、放牧和渔业制度的方向。食物主权优先于地方和国家的经济和市场，允许家庭农业、手工捕鱼、自由放牧以及基于环境、社会和经济可持续发展的食物生产、分配和消费。食物主权提倡透明的贸易——它保证所有人都获益以及消费者控制他们食物和营养的权利。它保证使用和管理我们土地、领土、水、种子、牲畜和生物多样性的权利掌握在食物生产者手中。食物主权意味着一种摆脱了压力以及男女、民族、种族、社会阶层和代际不平等的新型社会关系。

在"农民之路"为之奋斗的世界中，所有的民族和国家都能够决定为我们每一个人提供优质、充足、负担得起、符合文化的食物的生产制度和政策。"农民之路"与之斗争的是：帝国主义、新自由主义、新殖民主义和父权制，所有破坏生活、资源和生态系统的制度，以及强化这一切的代理人如国际金融机构、世界贸易组织、自由贸易协定、跨国公司，还有

---

① International Assessment of Agricultural Knowledge, Science and Technology for Development: Global Summary for Decision Makers (IAASTD), Washington: Island Press, 2009: 15.

原文：Food sovereignty is defined as the right of peoples and sovereign states to democratically determine their own agricultural and food policies。

② Declaration of Nyélénl (2007－02－27). http://viacampesina.org/en/index.php/main－issues－mainmenu－27/food－sovereignty－and－trade－mainmenu－38/262－declaration－of－nyi.

与民众对立的政府；在全球经济中以低于生产成本的价格倾销食品；将利润置于人、健康和环境之上的公司对我们食物和食物生产制度的控制；低价出售我们未来食物生产能力、破坏环境并使我们的健康受到威胁的技术和实践，包括转基因农作物和动物、终止子技术、工业化的水产养殖和破坏性的捕鱼方式、所谓白色革命的乳品工业、所谓新和旧的绿色革命、“绿色沙漠”和其他人工林；变相倾销、将转基因生物引入当地环境和食品系统并创造新殖民主义模式的食物援助；等等。

聂乐内宣言对食物主权内容及对为之奋斗和与之斗争的世界的详细描述，揭示了食物主权的核心内容：食物生产者自主地进行食物生产和贸易，反对新自由主义制度下世界贸易组织及其他国际组织和跨国公司对各国食物生产和贸易的控制及资源的掠夺。

四 食物主权对粮食安全的意义

（一）丧失食物主权必然面临粮食不安全

通过耕地保护、技术支持、财政补贴、国际贸易等途径确实能够保证一国在短期内获取足够、安全和富有营养的食物，即实现粮食安全。但是，如果一国的粮食生产和贸易被跨国公司或国际组织控制，即一国丧失了食物主权，那么，这个国家的粮食安全就掌握在了他人手中，这个国家就丧失了粮食安全的基础，这个国家的粮食状况必然是不安全的。

由美国主导的“全球范围的农业‘结构调整’已经被推进了半个世纪以上，到20世纪后半期，清晰的国际分工已经形成。……很多第三世界国家的农业很早就被纳入了全球市场体系，按照国际市场需求配置国内资源，按照比较优势生产可供出口的农产品，例如咖啡、香蕉、可可、棉花等，而不是按照自己国内对粮食的需求组织生产。”[①] 这些国家丧失了食物主权。其结果如何呢？“以非洲为例，非洲国家食品自给总水平越来越低，而非洲出产农产品的出口价格一直不坚挺，非洲的饥饿问题越来越严重，经常性地发生粮食危机，尤其是在2008年以来的两年里，在国际粮价大幅波动的时候，撒哈拉以南地区饥饿人口比例高达32%。今天在全球67亿人口中，有1/6即10亿以上的人在挨饿，而且还有越来越多的人正在加入进来。在发生全球性粮食危机的时候，按照比较优势安排农业

---

① 顾秀林：《现代世界体系与中国“三农”困境》，《中国农村经济》2010年第11期，第86页。

生产的那些国家，往往连自救的能力都没有。”[①]“许多非洲国家和拉美国家正在沿着市场经济、比较优势、农业结构调整的道路，年复一年地走更彻底的国际分工，而不是为本国人民生产他们所必需的粮食。”[②]中国大豆产业的发展是一个充分的例证。中国已经丧失了大豆主权。中国大豆产业面临覆灭的风险。2007—2008 年的世界粮食危机是另一个例证。2007—2008 年，在世界粮食增产的情况下，爆发了高粮价的粮食危机，主要谷物的价格创出历史最高。这场危机重创了以进口粮食为主的国家，获益的是控制粮食生产和贸易的跨国公司和国际组织。

（二）只有食物主权才有持久的粮食安全

发展中国家应如何发展自己的粮食生产和农业呢？2008 年 10 月 23 日，美国前总统“克林顿在纽约联合国总部纪念‘世界粮食日’大会后的研讨会上说过这样的话：虽然全球性的大米、小麦和玉米的市场总是存在的，但是，‘我们应该回到（过去的）让农业大限度地满足（当地）需求的那种政策上去’……他还说：‘在长时期中，只有在农业上追求自给才能使世界性的饥饿有真正的改善，这样还可以延迟下一金融危机的到来。’”[③]显然，卸任的、曾主导全球农业结构调整的美国总统认为，发展中国家应在维护食物主权的基础上发展农业生产。

没有食物主权的国家，粮食安全是暂时的。拥有食物主权的国家，粮食不安全是暂时的。食物主权对于实现真正的、持久的粮食安全具有重要意义。正是基于对此的深刻认识，“农民之路”开展了一系列维护食物主权的活动和斗争。在亚洲，韩国、印度、印度尼西亚等国已经加入其中并取得成效。

中国党和政府对于食物主权对粮食安全的重要意义具有充分认识，因此反复强调：中国人的饭碗任何时候都要牢牢端在自己手上；我们的饭碗应该主要装中国粮。这就是食物主权的思想，是食物主权思想的中国化。一个国家只有掌握了食物主权，才可能实现真正的、持久的粮食安全。掌握食物主权是实现持久粮食安全的基础。

五　结论

就“农民之路”提出“food sovereignty”的本意，是指食物主权，而

---

① 顾秀林：《现代世界体系与中国“三农”困境》，《中国农村经济》2010 年第 11 期。

② 同上书，第 87 页。

③ 同上。

不仅仅是粮食主权。在“food sovereignty”的概念和思想进入中国之初，学者普遍使用“粮食主权”一词，但现在，已有人在相关活动和表述中使用“食物主权”一词。中国各界人士建立了一家“people's food sovereignty”网站，中文名称为“人民食物主权”。因此，中国对于“food sovereignty”的翻译有待统一。

由“农民之路”引发的世界各国特别是发展中国家对食物主权的认识和维护，引起人们对跨国公司、世界贸易组织等国际组织及发达国家政府在粮食安全问题上的作用进行重新思考，也引起食物生产、贸易政策和格局的变化。各国食物主权的建立和维护终将有助于消除贫困和饥饿，公平贸易，实现持久粮食安全。中国应在维护食物主权的基础上选择粮食供给模式及结构，以确保粮食安全。

第三节 中国粮食供给模式及来源结构选择

一 粮食供给模式的理论分析

因为一个国家的粮食供给可以通过自身生产和净进口实现，所以，满足一个国家粮食需要的粮食供给模式有三种：（1）完全依靠本国生产，如图7－1所示；（2）完全依靠进口，如图7－2所示；（3）本国生产加净进口，如图7－3所示。在图中，横轴表示一国的粮食产量，纵轴表示粮食净进口量。AB线是等供给量曲线，线上每一点所代表的粮食供给量都是相同的，但是每一点的粮食产量和粮食净进口量的构成比例不同。A点的供给量等于产量，净进口量为零；B点的供给量等于净进口量，产量为零。

（一）完全依靠本国生产

粮食生产资源丰富、技术先进的国家，如法国、美国、加拿大、澳大利亚、阿根廷等国家，粮食产量超过本国的需要量，粮食供给可以完全依靠本国生产来实现，同时，出口剩余粮食，成为粮食净出口国。这些国家的粮食供给在A点实现效用最大化（见图7－1），这是典型的角点均衡，不是粮食供给来源结构的常态。

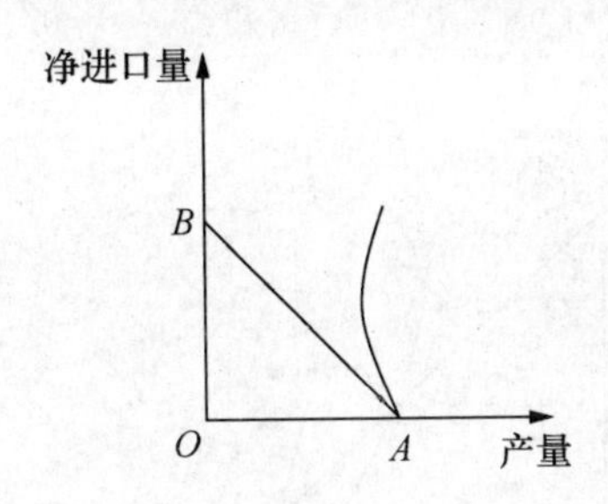

图7－1　粮食供给模式选择——完全依靠自身生产

（二）完全依靠净进口

对于粮食生产资源稀缺的国家，如梵蒂冈、摩纳哥、冰岛等国，只能依靠进口实现本国的粮食供给。这些国家的粮食供给在 *B* 点实现效用最大化（见图7－2）。这同样是典型的角点均衡，是人口少、国土面积小的国家的唯一选择。这同样不是粮食供给来源结构的常态。

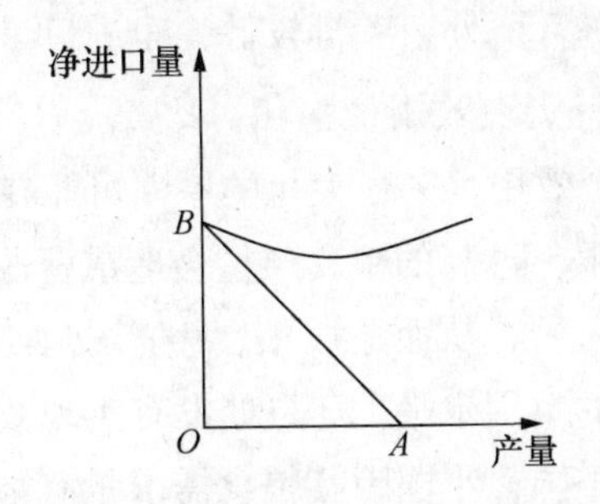

图7－2　粮食供给模式选择——完全依靠净进口

（三）本国生产加净进口

世界上能够实现粮食完全自给的国家和完全依靠粮食进口的国家都是少数。绝大部分国家属于粮食生产资源和技术有限，难以实现粮食完全自给，同时，又由于国家规模相对较大，粮食需求量较高，因此不能完全依靠粮食进口的国家。这样的国家通过自身的生产加进口来满足本国的粮食需求。如图7－3所示。

在图7－3中，该国的粮食供给可以通过产量和净进口量的多种组合实现。虽然 *C*、*D*、*E* 三点处的粮食供给量相同，但是相同的粮食供给量

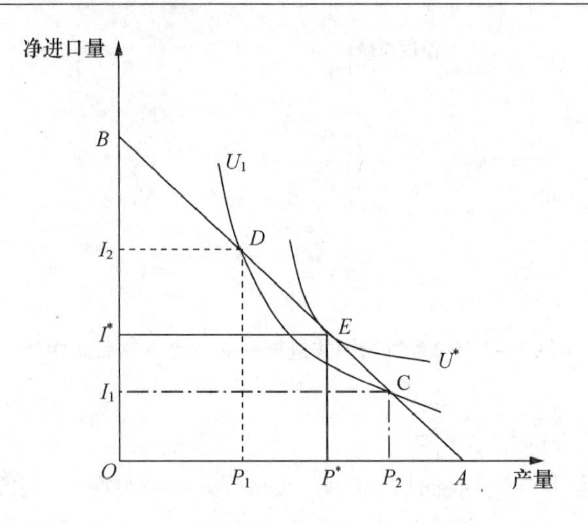

图 7-3　粮食供给模式选择——生产加净进口

在该国实现的效用水平不同。其中，C 点（P_2+I_1）处，产量较高，净进口量较低；D 点（P_1+I_2）处，产量较低，净进口量较高。C 点和 D 点的效用水平相同，但没有实现效用最大化。E 点（P^*+I^*）处，效用水平最高。C 点处没有实现效用水平最大化的原因可能在于：该国可用于粮食生产的资源及技术有限，过高的粮食产量会造成资源的过度开发使用及对其他生产所需资源的占用，从而造成粮食生产成本过高及粮食价格过高，结果降低了该国居民的效用水平。D 点处没有实现效用水平最大化的原因可能在于：该国不是小国，小国因其粮食需求量有限，即使其粮食完全依赖净进口，也不会对国际市场造成显著影响。该国是一个较大的国家，过高的净进口需求导致国际市场粮食价格上涨及外国资本对该国粮食供给的控制，使国内居民在承受高粮食价格的同时也损害了国内粮食生产者的利益，结果大大降低了该国居民的效用水平。E 点处，适度的粮食产量和净进口量实现了该国的效用最大化。

二　中国粮食供给模式选择

粮食生产高度依赖自然资源，包括气候资源、耕地资源、水资源等。其中，气候资源的可控性最小。近年来，全球气候变暖有利于中国北方粮食生产，但同时，干旱甚至极端气候的频繁出现在一定程度上抵消了气候变暖的有利效应，并且可能造成粮食的气候性减产。中国的耕地面积在世界上排名第四，仅次于美国、俄罗斯和印度，但是人均耕地还不到世界人均耕地面积的1/2。中国水资源匮乏，已成为世界上最贫水国家之一。同时，由于连年过量使用化肥、农药和农膜，中国耕地的质量已经明显下降。资源约束使中国靠自身产量满足全部粮食需要的成本过高，甚至无法实现。实际上，在新中国成立后中国始终没有实现安全的粮食完全自给。所以，中国需要通过进口一些粮食来补充自身产量的不足。另外，中国是世界第一人口大国，中国每年的粮食需要量远超过世界各国粮食出口量之和，所以，在客观上中国就不可能完全依靠进口满足自身的粮食需要。中国应该并且事实上已经选择了生产加净进口的粮食供给模式。

三　中国粮食供给来源结构选择

中国的粮食供给通过自身生产加净进口实现。粮食供给来源结构是指，在粮食供给量中自身产量和净进口量各占多大比例。图7-3显示，*E*点是能够实现该国效用最大化的产量和净进口量的组合，是最优的粮食供给来源结构。仅从经济学理论上讲，这没有任何问题。但问题是，粮食不是普通商品，粮食供给来源结构选择不仅仅是经济问题。因此，仅依据经济学理论分析得出的结论不一定正确。

（一）中国选择粮食供给来源结构的原则

既然粮食不仅是商品，也是政治工具；粮食问题不仅是经济问题，也是政治问题，那么中国就不能以经济效用最大化作为选择粮食供给来源结构的原则。

卢锋（1998）在考察国际粮食禁运历史、中国与西方国家关系及粮食禁运有效性的基础上，认为“过高估计未来粮食出口禁运发生的可能性和有效性是不必要的”。[①] 虽然粮食禁运风险不高，但不等于没有风险。“为了降低粮食禁运的风险，有必要对粮食进口依存度和用途加以监控，以保证我国粮食自给率不要超过一定临界水平。”[②] 卢锋在政治背景下提到的“临界水平”正是应该深入研究的粮食供给来源结构问题。封志明（2010）“对全球粮食贸易量的时间增长趋势及其波动特性的分析表明，自20世纪60年代以来，全球国际粮食贸易的增长速度远高于同期的粮食生产增长速度，从长期趋势看，粮食贸易的波动幅度往往数倍于粮食生产的变化幅度，这一方面显示了国际粮食贸易的不稳定性和脆弱性，另一方

---

① 卢锋：《粮食禁运风险与粮食贸易政策调整》，《中国社会科学》1998年第2期，第47页。

② 同上。

面也告诫我们应该警惕国际粮食贸易的风险性和不可完全依赖性。”①

理论分析和经验研究都表明，中国不能过度依赖进口满足自身的粮食需要。中国应在确保粮食和国家主权及安全的前提下，运用效用最大化理论选择粮食供给来源结构。这是中国选择粮食供给来源结构应遵循的原则。

（二）中国的粮食供给来源结构

选择粮食供给来源结构，实际上是选择粮食供给量中产量和净进口量的比例。这个问题可以简化为选择产量比例或选择净进口量比例的问题，因为只要其中一个量的比例确定了，另一个量的比例也就随之确定了。产量在粮食供给量中的比例就是粮食的自给率，所以，本书通过选择粮食自给率来选择粮食供给来源结构。

1. 经济的粮食自给率底线

如图 7 - 4 所示。如果仅将粮食作为普通商品、粮食问题作为经济问题，那么，最优的粮食供给来源结构选择问题就简单得多，就是 E 点处的粮食产量和净进口量组合。如果增加或减少粮食产量，都将使该国的效用水平降低。产量 P^* 所确定的粮食自给率既是最优的粮食自给率，也是粮食自给率的底线。但是，如果将粮食及粮食问题的政治性质考虑在内，问题就复杂得多。经济上最优的 E 点将不是综合了经济和政治因素的最优。但 E 点处也就是产量 P^* 的粮食自给率仍是底线。因为，如果粮食自给率低于这个水平，不但国家的政治利益没有保障，经济上的最优也将失去。所以，E 点处即产量为 P^* 的粮食自给率是经济的粮食自给率底线。

2. 安全的粮食自给率底线

为了保证国家的政治安全，维护国家主权，同时也为了保护国内粮食生产者的利益，政府必须干预本国的粮食生产和消费，将粮食自给率保持在一个安全的水平上。

将政治的因素考虑在内，中国安全的粮食自给率必然高于经济上最优的粮食自给率。因为自中国加入世界贸易组织，降低农产品关税、开放农产品市场后，国外低价粮食就进入中国。进口粮食价格低，理性的经济人

① 封志明、赵霞、杨艳昭：《近 50 年全球粮食贸易的时空格局与地域差异》，《资源科学》2010 年第 1 期，第 9 页。

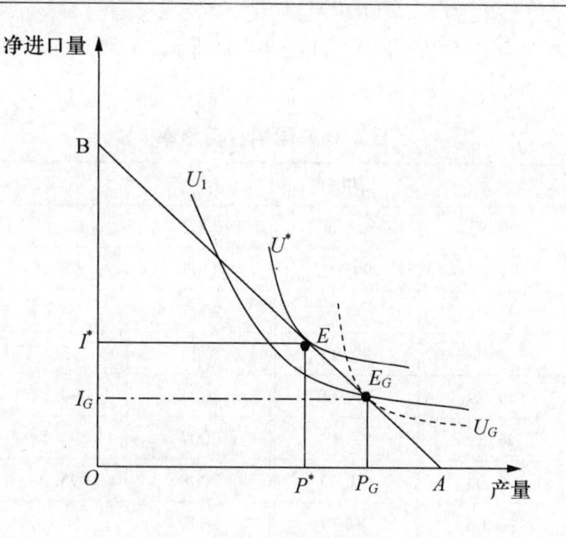

图7-4　粮食自给率底线

必然选择消费进口粮食，使本国的粮食自给率降低。对于中国安全的粮食自给率，《国家粮食安全中长期规划纲要（2008—2020年）》中明确提出，粮食自给率为95%以上，稻谷、小麦自给率为100%。

本书认为，受资源禀赋和技术水平的约束，中国粮食自给率要保持在95%以上，成本过高。但中国应保持食用粮食完全自给。中国安全的粮食自给率底线是食用粮食自给率达到100%。如图7-4所示，E_G点处产量为P_G时的自给率。E_G点的效用水平为U_1，低于E点的效用水平，E_G点显然不是经济上最优的粮食供给来源结构。但是，当选择E_G点时，约束条件不再仅仅是经济的约束，而是包含了政治的约束。[①] 对中国而言，在综合考虑了经济和政治的约束条件下，效用最大化的粮食供给来源结构在E_G点处，最优的粮食自给率是产量为P_G时的自给率，即食用粮食100%的自给率。这也是中国安全的粮食自给率底线。前文关于中国粮食数量安全状况评价结果及对未来15年人均粮食产量预测结果都表明，中国有能力确保安全的粮食自给率底线。

力争食用粮食自给，也是日本、韩国等粮食自给率低的国家的共同原则。日本政府反对大米贸易自由化，因为在遇到作物减产或禁运的情况

① 效用曲线U^*与U_G之所以在同一平面图中产生交叉，因为二者是不同约束条件下的效用曲线，不具有可比性。

下，它将威胁国家粮食安全。[①] 如表 7 - 1 所示。

表 7 - 1　　日本和韩国稻谷自给率　　单位：%

年份	日本	韩国	年份	日本	韩国
1991	99.85	100.00	2002	94.67	98.00
1992	99.87	99.99	2003	93.46	97.90
1993	98.91	100.01	2004	94.68	97.28
1994	94.96	99.99	2005	93.61	98.17
1995	99.89	100.00	2006	94.83	96.51
1996	96.89	98.49	2007	94.58	96.16
1997	96.04	99.70	2008	95.21	96.08
1998	98.65	99.19	2009	94.19	96.65
1999	95.78	98.04	2010	94.43	95.09
2000	95.16	97.89	2011	93.61	91.96
2001	98.93	98.88	2012	94.86	96.19

资料来源：根据 FAOSTAT：Production / Crops 和 Trade / Crops and livestock products 相关数据计算而得，http：//faostat3. fao. org/download/D/FS/E。

表 7 - 1 显示，日本和韩国最主要食用粮食稻谷的自给率都非常高，接近 100%。日本和韩国国内大米的价格也远高于国际市场价格。这充分体现了日本和韩国对本国粮食安全的保护。

在中国粮食供给模式及结构问题上，中国粮油信息网上《依靠进口满足中国粮食需求不靠谱》一文表达了与本书相同的观点。该文数据翔实，观点鲜明。[②]

本章小结

粮食首先是生存必需品，在市场经济条件下，粮食成为商品。粮食是

① Tetsuji Tanaka, Nobuhiro Hosoe. Does agricultural trade liberalization increase risks of supply - side uncertainty?: Effects of productivity shocks and export restrictions on welfare and food supply in Japan. *Food Policy*, 2011 (36): 368.

② 文章链接：http：//www. chinagrain. cn/liangyou/2015/8/14/201581414301473033. shtml。

生存必需的商品的性质使粮食成为国家间博弈的政治工具。粮食问题也由单纯的经济问题转变为既是经济问题又是政治问题。由“农民之路”引发的世界各国特别是发展中国家对食物主权的认识和维护，引起人们对跨国公司、世界贸易组织等国际组织在粮食安全问题上的作用进行重新思考，也引起食物生产、贸易政策和格局的变化。各国食物主权的建立和维护终将有助于实现持久粮食安全。中国应在维护食物和国家主权的基础上选择粮食供给模式及结构。资源禀赋和技术水平的约束使中国不能完全依靠自身生产满足粮食需要。中国应该并且事实上选择了本国生产加净进口的粮食供给模式。粮食及粮食问题的政治性质决定了中国不能仅以经济效用最大化为原则选择粮食供给来源结构，而是应该在确保食物主权和国家主权的前提下，运用效用最大化理论选择粮食供给来源结构。能够实现效用最大化的粮食供给来源结构是经济上最优的粮食供给来源结构，此时的粮食自给率是经济的粮食自给率底线。将政治因素考虑在内，安全的粮食自给率底线是能够实现食用粮食100%自给的粮食自给率。

第八章　政府干预以促进实现粮食安全

粮食不是普通的商品，粮食问题不是单纯的经济问题。这决定了仅由“看不见的手”调节粮食从生产到消费的过程必然不安全。市场固有的失灵及粮食和粮食问题的政治性质决定，政府必须干预粮食问题。事实上，发达市场经济国家的政府从未放弃对粮食问题的干预，否则就不会有各种市场进入壁垒及政府补贴的存在。新中国成立后，政策影响粮食安全的事实也证明，政府必须干预粮食经济活动的各个环节，促进粮食安全的实现。

第一节　政府干预粮食生产

中国国家粮食安全战略提出要坚持“以我为主，立足国内，确保产能，适度进口，科技支撑”。国家粮食安全战略的核心是立足国内。所谓立足国内，就是靠自身粮食生产保障粮食安全。政府干预粮食生产，不是像计划经济时期事无巨细地进行干预，而主要是从宏观上为粮食生产提供制度保障和科技支撑，同时，组织粮食生产结构调整。

一　政府为粮食生产提供制度保障

将“以我为主，立足国内，确保产能”作为国家粮食安全战略的主要内容是对粮食生产最高层次的制度保障。为了促进粮食生产，还需要具体的制度安排。

（一）实行严格的资源保护制度

资源是约束粮食生产的最重要因素之一。中国人均耕地少，水资源匮乏。政府必须实行严格的资源保护制度，为实现粮食安全提供资源保障。

1. 2016—2030 年中国粮食作物播种面积和农业用水量预测

为了对未来中国可用于粮食生产的耕地和水资源情况有所了解，本书依据国家统计局提供的1994—2014年粮食作物播种面积数据和2000—2013年农业用水总量数据，运用BP神经网络方法对2016—2030年中国粮食作物播种面积和农业用水量进行了预测，预测值如表8－1所示。

表8－1　2016—2030年中国粮食作物播种面积和农业用水量预测值

年份	粮食作物播种面积（千公顷）	农业用水量（亿立方米）
2016	113130	4045.1
2017	113270	4060.4
2018	113360	4070.3
2019	113420	4076.7
2020	113470	4081.0
2021	113500	4083.8
2022	113520	4085.8
2023	113540	4087.1
2024	113550	4088.1
2025	113560	4088.7
2026	113560	4089.1
2027	113570	4089.5
2028	113570	4089.7
2029	113570	4089.8
2030	113570	4089.9

2. 政府必须实行严格的耕地和水及其他资源保护制度

表8－1显示，中国未来可利用的粮食作为播种面积和水资源的增长空间非常有限。作为中国小麦主产区的华北，地下水超采严重，已成为世界上最大的漏斗区，而且其深层地下水的失去具有不可逆性。水资源约束将迫使华北地区改变农作物种植结构。工业发展和城市开发建设用地也在不断侵蚀耕地资源。为了确保粮食生产的资源，政府必须实行最严格的耕地和水资源保护制度，同时实行对整个环境和生态资源的保护制度，为粮食生产创造一个“友好”的环境。

（二）完善鼓励农民从事粮食生产的制度

城市及工业的发展吸引大批农业劳动力进入城市和工业领域，造成农业劳动力流失。为了留住农业劳动力，政府应进一步完善鼓励农民从事粮食生产的制度。已经实行的农作物良种补贴、种粮农民直接补贴和农资综合补贴制度确实起到了鼓励农民从事粮食生产的作用，但制度设计及执行过程中仍有不完善之处。主要是补贴水平较低，而且补贴与粮食播种面积及产量没有严格挂钩，以致出现不种粮也得补贴、种粮多却不多得补贴的现象。未来加大补贴的力度，提高补贴标准，并且将补贴与粮食播种面积和产量或销售量严格挂钩，使补贴真正落到实处。政府应将种粮直接补贴作为鼓励农民进行粮食生产的最主要手段。这既可以避免国际贸易中关于农业补贴的摩擦，又可以提高补贴效率。完善鼓励农民从事粮食生产的制度，将留住并吸引人才从事粮食生产，有效地促进粮食生产的稳定和发展。

二　政府为粮食生产提供科技支撑

在资源和制度一定的条件下，能够促进粮食生产、提高粮食产量的唯一重要因素就是科技。由美国政府主导的农业科技的发展支撑了美国的农业成就。中国在充分利用自身特点和优势的基础上，可以借鉴美国经验，通过发展科技，促进本国农业生产的发展。

（一）科技支撑的美国农业成就

美国是世界第一农业强国。美国2%的农业人口，不仅提供了供本国消费的粮食，而且成为世界第一粮食出口大国。美国的农业成就是强大科技支撑的结果。自20世纪30年代以来，美国农业先后经历了机械化、化学化、良种化、电脑化、生物工程化的阶段。20世纪90年代初，明尼苏达州精准农业实验的成功又将美国带入了精准农业阶段。精准农业（Precision Agriculture，也被译为精确农业）是由高科技支撑的农业生产技术与管理系统，其核心技术可以概括为“3S”。“3S”是指全球定位系统GPS、地理信息系统GIS和遥感系统RS。在一系列高科技手段的支撑下，精准农业可以获取每一地块的土壤结构、植物营养、含水量、病虫草害等信息，并根据信息采取有针对性的措施开展农业生产。精准农业极大地提高了农业生产效率，同时降低了生产成本，减少了对环境的破坏。

（二）美国政府对农业科技的支持

美国农业科技的高度发达，得益于政府的支持。美国政府组建了强大的公共农业研究机构。“美国公共农业研究机构以联邦政府农业部（USDA）下设4个农业科研地区中心（有科研人员8000多人）和56个州立大学农学院牵头的农业试验站为主体。4个农业地区研究中心以基础研究为主，承担公共研究任务的40%。56个州立大学农学院牵头的农业试验站以本州农业生产有关的应用研究为主，大约承担公共研究任务的60%。"① 美国还建立了以增地大学②为核心的农业教育、科研与推广"三位一体"的体系。在农业科技推广方面，建立联邦、州和县三级农业科技推广体系。

在农业科研经费投入方面，美国农业部4个研究中心的科研经费主要来源于联邦政府拨款，用于开展投资大、周期长的基础研究。州农业试验站80%—90%的科研经费也主要来源于联邦及州政府。"自1958年以来，美国对农业科技的投入以8%的年增长率逐年递增，而1美元的农业科研投资可为美国经济带来20美元的回报。"③

（三）借鉴美国经验政府为粮食生产提供科技支撑

中国农业科技投入不足。农业研发强度是衡量农业研发投入水平的指标，由农业研发投入占农业GDP的比例表示。联合国粮农组织认为，国家农业研发强度的适度标准为1%。中国目前尚未达到这一标准，与发达国家差距更大。经验数据表明，当研发强度低于1%时，研发仅以应用技术为主，只有当研发强度超过2%时，才可能产生技术创新。中国目前的农业研发强度远远不能达到创新程度。中国农业科技投入除总量不足外，还存在结构不均衡及投资期限短等问题。

中国可以借鉴美国经验，由政府作为农业科技投入的主体。中央政府和地方政府配套投入经费，重点开展长期的、基础性的研究。同时，平衡对各领域的投入规模。在继续维持对生物技术方面投入外，加大对农业信息化、智能化的投入，加大对化肥、农药研发的投入。政府可以主导利用国产的北斗导航系统，开展中国的精准农业实验。

在具体的农业科技研发和推广方面，中国可以借鉴美国经验，建立产

---

① 《美国农业发展与农业科技创新》，http://www.cdkj.gov.cn/DetailNews.asp? id = 33743。

② 赠地大学（Land - grant Universities/Colleges）是美国由国会指定的高等教育机构。1862年美国国会通过了《莫雷尔法案》，规定各州凡有国会议员一名，拨联邦土地3万英亩，用这些土地的收益维持、资助至少一所学院。而这些学院主要开设有关农业和机械技艺方面的专业，培养工农业人才。经过一百多年的发展，目前全美有大概106所"赠地大学/学院"。这些高校中的绝大多数是公立的。只有极少数为私立学校，其中最知名的两所为康奈尔大学和麻省理工学院。虽然当初建校的初衷是提供现代的农业和工程技术教育，但如现今这些高校中的多数都已发展成了学科门类齐全的综合性大学。

③ 张伟：《美国农业：科技成就发展》，《经济日报》2012年2月27日第15版。

学研一体的教育、研发、推广体系。以应用型“农业教育”为核心，既培养农业应用人才，又开展研发工作，在科技推广环节，实行企业化运作。科技研发推广人员参与利润分配。

三 政府干预粮食生产品种结构——马铃薯主粮化

（一）世界马铃薯消费情况

世界每年消费马铃薯 3.0 亿—3.3 亿吨，人均消费约 32 公斤。苏联的一些国家和东欧国家将马铃薯作为主食。欧洲和北美洲马铃薯消费量也较高。英国和爱尔兰年人均消费马铃薯 100 公斤以上。“炸鱼薯条”被英国民众评为最能够代表英国的东西。中国是世界上马铃薯种植面积和产量最大的国家，但是中国居民主要将马铃薯作为蔬菜或杂粮食用，人均消费量较低。

（二）中国推行马铃薯主粮化的背景及意义

中国虽然实现了粮食产量“十一连增”，但由于受到耕地、水资源的严格约束，未来增产潜力有限。前文对 2016—2030 年中国人均粮食产量预测结果表明，未来中国人均粮食产量将有所下降。粮食安全受到挑战。因此，中国必须寻找新的粮食产量增长点。在这样的背景下，中国提出马铃薯主粮化战略。所谓马铃薯主粮化，是将马铃薯加工成居民习惯食用的馒头、面条、米粉、面包等主食。

马铃薯具有生长期短、耐寒、耐旱、耐瘠薄、产量高、适应性广的特点。中国耕地整体质量偏低，低等地占 17.7%，主要分布在内蒙古、甘肃、黑龙江、河北、山西、陕西、贵州 7 个省（自治区）。低等地种植小麦、稻谷等粮食作物投入高、产量低，而低等地所在省区的气候条件又恰好适合马铃薯的生长，所以在这些地区栽培马铃薯可以取得极高的比较效益。2014 年农业部在河北衡水组织试验，“在年降水量 500 毫米的华北地下水超采区，完全雨养条件下马铃薯亩产仍达到 1.8 吨”。[①] 南方冬闲田也可以栽培马铃薯。中国过去对马铃薯栽培技术的研发投入比较少，未来技术进步的空间很大，马铃薯单位面积产量还将大幅提高。中国因地制宜地栽培马铃薯，既可以充分利用现有资源，又可以获得数倍于小麦、稻米的产量，从而大大增加粮食供给量。并且，马铃薯不是国际贸易的主要品种，世界贸易量比较小，价格波动不大，这使中国的马铃薯生产受到国际

---

① 冯华：《我国力推马铃薯主粮化战略》，《人民日报》2015 年 1 月 7 日第 2 版。

影响比较小，更有利于保障本国粮食安全。另外，从营养角度讲，实行马铃薯主粮化战略将满足居民的膳食营养需要。本书中，根据中国居民膳食营养素推荐摄入量计算的居民年人均薯类摄入量应为57公斤（见表2-9），但中国年人均薯类产量只有不到25公斤（见表3-2）。实行马铃薯主粮化战略将增加马铃薯供给量，从而满足居民膳食营养需要。

马铃薯主粮化战略的推行将稳定、持续、大幅地增加粮食供给量，满足居民膳食营养需要，对保障中国未来粮食安全具有重要意义。

（三）政府在推行马铃薯主粮化过程中的主要职责

第一，政府组织马铃薯生产。由于过去马铃薯不是主粮，粮食生产者没有主动栽培马铃薯的意识和习惯。这就需要政府在适宜地区调整已有的种植结构，组织生产者进行马铃薯栽培。在这一过程中，政府应承担粮食生产者因调整种植结构造成的损失，并对马铃薯栽培给予一定的资金支持。

第二，政府组织对马铃薯生产、流通过程的技术研发。在马铃薯只作为蔬菜和杂粮的时期，国家对马铃薯技术研发重视不够，投入不足。马铃薯主粮化后，政府应加大对马铃薯的技术研发。在生产环节，重点是培育和推广脱毒种薯；在流通环节，重点是研发和推广马铃薯储存的技术设备。

第三，政府组织马铃薯主食产品开发。马铃薯主粮化的最终落实是将马铃薯加工成为居民习惯的主食，这需要政府组织开发并推广。

第二节　政府干预粮食流通

一　完善粮食价格形成机制

自2004年实行粮食最低收购价格以来，中国粮食价格形成机制是以政府为主导的机制。这个价格形成机制没有反映市场供求关系。中国近年来粮食产量高、政府收购价格高、进口量高、走私量高等看似矛盾现象的同时出现，根本原因都在于此。对于由最低收购价格主导的粮食价格形成机制的弊端，政府已有充分认识，正在探索完善粮食价格形成机制的新途径。

（一）完善的粮食价格形成机制中必须有政府干预

粮食及粮食问题的政治性质决定了粮食价格不能像萝卜、白菜、T恤衫的价格一样，完全由市场决定。政府必须干预粮食价格，只是政府要寻求一种最优的干预方式和干预程度。政府干预粮食价格是世界各国的普遍做法。法国、加拿大、澳大利亚、日本、韩国等国都以各种方式实行不同程度的补贴，干预粮食价格。美国是世界上最大的粮食出口国，也是粮食价格市场化程度最高的国家，即便如此，美国自20世纪30年代以来，从未停止过对粮食价格的干预。

在1929—1933年经济危机之后，美国政府加大了政府对经济干预的力度，包括对农业的干预。美国政府以直接的价格补贴、无追索权贷款、贷款差额补贴以及目标价格补贴等方式干预农产品价格。各种方式实质上都是对农产品价格的补贴。1995年美国成为世界贸易组织成员国之后，由于受世界贸易组织规则的约束，美国政府改变了补贴方式，将农产品价格补贴改为对农民的直接支付，即直接给农民收入补贴。这种方式与中国现行的粮食直补政策是一致的。但是由于直补金额没有与农产品产量有效地挂钩，造成美国政府财政压力较大，产量却没有有效增长。美国政府最终放弃了这一政策。2002年，美国政府“重新启动目标价格补贴政策，称为直接与反周期支付，当有效价格低于目标价格时，反周期补贴启动；反之则不启动。所谓有效价格是指直接支付率与市场价格、贷款率两者中的较高者之和。目标价格与有效价格之差为反周期支付率，目标价格主要用来确定反周期支付率。2008年农场法案针对目标价格、直接支付率、营销贷款率水平做了适当调整，并将覆盖范围扩大到干豌豆、扁豆等豆类品种。”[①] 2014年年初，美国通过了2014—2018年度新农业法案。“新法案规定，2014财年到2018财年，联邦政府每年农业开支约为1000亿美元，其中近80%将用于为4700万低收入者提供补助的食品券项目。与上一个农业法案相比，食品券项目支出每年将小幅削减8亿美元。在农业补贴方面，新法案的最大变化是取消此前每年达50亿美元的直接支付补贴项目，但扩大了农作物保险项目的覆盖范围和补贴额度，更加突出保险在

① 王文涛、张秋龙：《美国农产品目标价格补贴政策及其对我国的借鉴》，《价格理论与实践》2015年第1期，第70页。

防范农业生产风险中的作用。”[①] 对农业的政策性保险，实质上是一种变相的补贴。

（二）探索建立粮食目标价格制度

1. 粮食目标价格制度的启动

2014年中央一号文件提出“完善粮食等重要农产品价格形成机制。继续坚持市场定价原则，探索推进农产品价格形成机制与政府补贴脱钩的改革，逐步建立农产品目标价格制度，在市场价格过高时补贴低收入消费者，在市场价格低于目标价格时按差价补贴生产者，切实保证农民收益。”[②] 2014年，在新疆对棉花、在东北及内蒙古对大豆实行目标价格补贴试点。新疆棉花目标价格补贴开展得比较成功，受到棉农欢迎。东北及内蒙古的大豆目标价格补贴正在逐步开展。中国粮食目标价格制度正式启动。

2. 建立粮食目标价格制度的目的

建立粮食目标价格制度的直接目的，是以目标价格对农民和低收入粮食消费者进行补贴；最终目的是，政府退出粮食价格形成机制，将粮食价格交给市场，使粮食价格主要由市场供求形成。

3. 粮食目标价格制度的实质

粮食目标价格是由政府根据粮食生产成本加合理收益，在粮食进入市场之前确定的一个价格。粮食目标价格的实质不是一种交易价格，而是一种补助，是以目标价格为依据对粮食生产者和消费者实行的一种差价补助：当市场价格高于目标价格时，给低收入粮食消费者补助；当市场价格低于目标价格时，给粮食生产者补助。它是财政“内在稳定器”作用的体现。目标价格确定了，在粮食生产者和低收入消费者两者间，谁的利益受损政府就给谁补助。

最低收购价格是政府向生产者收购粮食的价格，是一种交易价格，它直接影响粮食市场价格的形成，因而造成价格扭曲。与最低收购价格政策相比，目标价格制度的突出特点在于：目标价格不直接影响粮食市场价格的形成，因而不会造成粮食价格扭曲。粮食目标价格制度通过对粮食生产者利益的保护，来保护和促进粮食生产，保持粮食产量的稳定及增长，进

---

① 王聪颖：《美国农业补贴政策的历史演变》，《期货日报》，http：//www.qhrb.com.cn/2014/1120/173916.shtml。

② 《关于全面深化农村改革加快推进农业现代化的若干意见》，中国政府网。

而稳定粮食的市场价格。粮食目标价格制度是从宏观上间接地对粮食价格的干预。

（三）借鉴美国经验完善粮食目标价格制度

1. 确定适当的粮食目标价格及补贴依据

粮食目标价格定得过高，会加重财政负担；定得过低，起不到保护粮食生产者利益的目的。适当的粮食目标价格根据生产成本加合理收益确定。生产成本根据粮食生产投入要素的市场价格确定，操作起来比较容易。合理收益可以根据社会平均的利润率确定。以工农业产品价格“剪刀差”的方式剥夺农民利益的时代已经成为历史。粮食生产是社会必要的生产领域和环节，至少应获得社会平均利润。所以，根据社会平均利润率确定粮食目标价格有充分的合理性。

在确定补贴的依据方面，可以借鉴美国的经验。用种植面积和产量或销售量的历史数据确定补贴的依据。不以当年的种植面积和产量为依据，可以有效避免对粮食生产者的种植品种和面积产生诱导。

2. 扩大粮食目标价格制度补贴的粮食品种范围

中国粮食最低收购价格政策收购的粮食品种只包括小麦和稻谷，临时收储政策包括玉米和大豆。政策覆盖粮食品种少，引起资源过度向托市价品种集中，造成资源错误配置，同时也造成了对粮食生产者不公平的问题。

美国农产品目标价格补贴政策涵盖范围十分广泛，包括了美国主要的农产品。如小麦、玉米、高粱、大麦、燕麦、大米、大豆甚至包括豌豆、扁豆、大鹰嘴豆、小鹰嘴豆等。①

中国应借鉴美国经验，扩大粮食目标价格制度补贴的粮食品种范围。这样，既不会诱导粮食生产者对种植品种和面积的选择，也避免了对不同粮食生产者的不公平待遇问题。

（四）政府对粮食价格的间接干预与直接干预并行，共同维护粮食安全

粮食目标价格制度是政府对粮食价格的宏观、间接的干预，对于建立和完善粮食市场价格形成机制具有重要意义。但是，政府不能彻底放弃粮

---

① 王文涛、张秋龙：《美国农产品目标价格补贴政策及其对我国的借鉴》，《价格理论与实践》2015年第1期，第71页。

食最低收购价格政策。最低收购价格是保护粮食生产者利益最直接、最有效的手段。为了充分发挥最低收购价格政策的积极作用，避免其扭曲粮食价格的消极作用，政府应调整最低收购价格政策的实施方式。政府应改变过去将最低收购价格和临时收储政策作为常规干预手段的做法，应将最低收购价格作为“临时收储”手段执行——面临“粮食价格大幅下跌、目标价格制度不能有效补偿生产者损失、不能维持正常粮食生产”时，政府以最低收购价格托底收购粮食，避免粮食生产者蒙受较大损失，避免粮食价格和产量的大幅波动，维护粮食安全。当政府将最低收购价格政策作为临时、应急的手段执行时，它不会对粮食价格市场形成机制造成冲击，不会对长期的粮食价格造成影响，它只是影响当时的粮食价格，避免其大幅波动，这恰恰是对粮食市场及粮食价格市场形成机制的有效保护。

完善的粮食价格形成机制是由市场供求决定粮食价格，同时，政府以常规的粮食目标价格制度和非常规的最低收购价格政策对粮食价格实行间接的和直接的干预，共同维护粮食安全。

二　完善粮食储备制度

（一）明确粮食储备目的及适度储备规模

为了粮食安全，各国都进行粮食储备。联合国粮农组织将粮食储备分为后备储备和周转储备，其中，后备储备应占全年粮食消费量的5%—6%，主要用于应对自然灾害和其他突发事件；周转储备应占12%，主要用于调控市场，两项储备合计占全年粮食消费量的17%—18%。粮食储备的根本目的是保障国家粮食安全。

中国自新中国成立之初就进行粮食储备，储备的目的是保障粮食安全。但是，近年来，随着粮食最低收购价格政策和临时收储政策的执行，粮食储备在事实上又多了一个目的：保护农民利益。为了保护农民利益，国家以最低收购价格和临时收储价格敞开收购农民的粮食，形成粮食储备。这造成国家储备规模过大，造成粮食及其他资源的浪费，造成粮食价格扭曲。因此，中国应重新定位粮食储备的目的，将保护农民利益的目的从粮食储备中剥离出去，采取其他方式保护农民的生产积极性和利益。中国的粮食储备应以保障粮食安全为目的，并由此确定适度规模。

（二）促进粮食储备主体及储备区域多元化

中国的粮食储备以政府主导的中储粮为主体。由于中储粮自身储备能力有限，不得不由社会企业进行代收代储。由于社会企业储备库储备条件差及监管不到位等原因造成储备粮损失严重。因此，可以借鉴美国经验，促进储备主体多元化。

美国的粮食储备采取国家调控与市场调控相结合的体系。储备体系包括三级：联邦储备、农场主储备和自由储备。联邦储备“由农产品信贷公司负责实施。该公司资金雄厚，有政府持有的资本股1亿美元，根据需要还可向财政部和私营贷款机构一次借款300亿美元作为周转资金……这种资金优势使它在美国粮食储备的市场调节中发挥着重要作用，当市场供过于求，价格下跌时，农产品信贷公司在市场上收购农产品，以提高价格；当市场上求过于供，价格上涨到一定水平时，农产品信贷公司则抛售自己的储备，以稳定价格，保证消费者的利益。”① 美国由农产品信贷公司负责实施的粮食储备与中国由中储粮总公司负责实施的储备的性质基本是一致的。

美国的农场主储备主要是为了“保持农产品价格的稳定，减少国家粮食保管和库存的费用。参加储粮的农场主必须与商业信贷公司在各地的分支机构签订合同，商业信贷公司负责按合同规定的数量向农场主支付储藏费用和低利率贷款，参加储粮的农场主必须执行政府的粮食生产计划，不能自行处理储备粮，否则要罚款。当市场粮价高于政府规定的投放价时，农场主方可将储备粮出售，如果农场主想将储备粮留着，商业信贷公司就不再支付储粮费用，但农场主仍可获得低息贷款的优惠。”② 美国的自由储备是以营利为目的商业行为。近年来，美国联邦储备的规模在缩小，农场主储备和自由储备的规模在扩大。

中国可以借鉴美国经验，由中储粮执行国家维护粮食安全的政策，同时，引进社会企业储备粮食。社会企业可以由“看不见的手”调控和约束。对利益的追求可以有效约束社会企业改善储备条件，减少损耗和浪费。以中储粮为主体，多元化的粮食储备体系可以在保障粮食安全的同时，减少政府的财政负担，降低粮食储备过程中的损耗和浪费。

在粮食储备区域问题上，中国的粮食储备主要集中在粮食主产区。这不仅使粮食主产区储备负担过重，并且，一旦粮食主销区急需粮食，长途运输时间长、效率低，不能及时满足主销区的粮食需求，有碍粮食安全的

---

① 周晓俊、吴敏中：《美日怎么储存粮食》，http://www.people.com.cn/GB/paper68/10743/976446.html。

② 同上。

实现。因此，中国今后的粮食储备应重点向粮食主销区布局，在全国各地区均衡储备，有利于各地区粮食安全的实现。

（三）完善粮食储备设施

由于粮食储备设施简陋，中国储备粮的损失严重。中国应着力落实“粮安工程”，完善粮食储备设施，减少粮食储备损失。关于“粮安工程”将在下文“减少和消除粮食流通过程中的损耗和浪费”问题中进行论述。

三　减少和消除粮食流通过程中的损耗和浪费

造成流通过程中损耗和浪费的原因主要来自两个方面：客观的技术、设施方面和主观的监管方面。政府通过落实“粮安工程”，减少流通过程中的粮食损耗，同时，通过加强监管消除由人为原因造成的粮食损失。

（一）落实“粮安工程”减少粮食流通过程中的损耗

2015 年 3 月 23 日，国家发展改革委、国家粮食局、财政部印发了《粮食收储供应安全保障工程建设规划（2015—2020 年）》（以下简称《建设规划》）。《建设规划》要求：要大力实施粮食收储供应安全保障工程（以下简称“粮安工程”）。“粮安工程”的主要内容包括“建设粮油仓储设施、打通粮食物流通道、完善应急供应体系、保障粮油质量安全、强化粮情监测预警、促进粮食节约减损”等。①

“粮安工程”明确提出了 2015—2020 年，维修改造“危仓老库”比例、消除露天存粮比例以及新建仓容规模。在“农户科学储粮专项”已为全国 26 个省（区、市）配置 817 万套标准化储粮装具、可储存粮食约 1400 万吨、每年减少储粮损失 90 万吨的基础上，“粮安工程”提出，要继续做好《“十二五”农户科学储粮专项建设规划》的落实工作，在 2015 年要实现农户科学储粮专项户数 1000 万户。

在粮食加工环节，“粮安工程”提出：引导企业成品粮适度加工，鼓励开发全谷物等营养健康食品，明显提高成品粮出品率；同时，提高粮食加工副产品的利用率。②

在粮食包装运输环节上，“粮安工程”提出加快推进粮食“四散化”。粮食“四散化”是指粮食的散装、散运、散卸、散存的储运方式。欧美、加拿大、澳大利亚、日本等发达国家和地区粮食四散化储运程度非常高。

---

① 《粮食收储供应安全保障工程建设规划（2015—2020 年）》，国家粮食局门户网站。

② 同上。

粮食四散化储运可以节约包装、搬运成本并有效减少由包装搬运等造成的损失，同时，能够大大地节约运输时间。

“粮安工程”的落实，将极大改善粮食仓储和运输条件，有效减少粮食流通过程中的损耗。

（二）加强监管消除人为原因造成的粮食损失

2015 年 4 月，中央电视台曝光辽宁省开原市庆云堡中心粮库、吉林省松原市白依拉嘎收储库“以陈顶新”事件后，粮食流通过程中的监管问题充分暴露出来。

在现行的粮食储备制度中，国家储备粮的监管有三个主体，分别是中储粮总公司、国家粮食局和中国农业发展银行。其中，中储粮总公司负责具体的收储业务管理，国家粮食局负责行政监管，中国农业发展银行负责对金融贷款的监管。在粮食收购过程中，三方共同监管。

2014 年，中储粮收购粮食 1. 25 亿吨，但中储粮直属粮库的库容只有 0. 25 亿吨。由于中储粮储备能力有限，中储粮会委托其他企业代收代储。中储粮与委托企业签订的委托收购和委托保管的合同都要由地方粮食管理部门和农业发展银行共同签章、共同监管。但事实上，粮食管理部门和农业发展银行在签章后没有尽到管理责任，主要由中储粮监管。但中储粮公司要实现对 1 亿吨、大约 4 倍于自身储量的粮食代收代储进行监管，实在是“力不从心”，监管出现巨大漏洞在所难免。除了“力不从心”之外，中储粮和委托收储企业的性质都是企业，是各自独立的平等的法人机构，二者之间是委托代理关系。中储粮无法实施有效的监管权力。

问题的关键在于，国家粮食行政管理部门监管责任缺失。针对粮食储备管理中的漏洞，需要加强粮食行政管理部门的监管责任。中储粮和委托粮库主要负责收储，农业发展银行主要负责金融服务，粮食行政管理部门主要负责对粮食收储企业的监管，包括对中储粮及其委托库的监管。通过加强监管，避免人为造成的粮食损失。

解决粮食收储监管漏洞的问题，更为根本的措施是改革粮食储备制度，改变主要由中储粮一家负责全国粮食政策性收购的局面。将一部分粮食收储责任交给市场，由市场监管收储企业。

“粮安工程”的落实及监管的到位将有效减少粮食流通过程中的损耗和浪费，提高粮食流通效率，增加粮食的有效供给量，促进粮食安全。

四　政府干预粮食国际贸易

国内粮食需求增加及国际粮食价格低于国内价格等因素使中国近年来粮食进口量持续增加，中国正在成为世界第一粮食进口大国。更为严重的是，中国近年来粮食价格保持上涨趋势，而中国加入世界贸易组织承诺的配额外关税税率仅为65%，以当前国际市场粮食价格加65%的关税计算，即使是配额外的粮食进口价格也将低于中国国内粮食价格。这将给中国粮食安全造成巨大冲击。因此，中国政府必须积极干预粮食进口，在保护国内农民利益的同时，维护国家粮食安全。

（一）借鉴日本和韩国经验控制粮食进口数量及用途

日本和韩国都是粮食自给率比较低的国家，但是这两个国家的主食大米的自给率却接近100%。这得益于两国都采取了严格限制大米进口及其用途的措施。

日本对配额外大米进口征收非常高的关税，从而使配额外大米进口成为不可能。除了运用关税措施外，日本还运用技术壁垒限制大米进口。"在检验检疫方面，长期以来，日本通过实施动植物《检疫法》、《食品卫生法》等一系列法律，对进口农产品质量提出了苛刻的要求。根据2005年6月开始实施的肯定列表制度，大米的检测项目多达579种，限量指标数量之多、标准之严格，前所未有。"[①] 这种高技术壁垒严格限制了外国大米进入日本。在限制大米进口的同时，日本严格控制进口大米的去向。日本通过培养国民对国产大米的忠诚，使国民几乎仅以国产大米作为口粮，进口大米极少进入日本国民的饭碗。进口大米主要进入加工领域，甚至以对外援助的方式再出口，而这些过程都由政府控制。

韩国非常强调大米自给率，将大米自给率标准设定为98%。为实现大米基本自给，韩国实行高额的农业补贴，同时，严格限制大米进口。韩国运用配额、关税措施限制大米进口。对进口大米，政府掌握其流向，大约只有30%的进口大米进入流通市场，其余进口大米都由政府控制进入加工领域，成为原料。

因为加入世界贸易组织的承诺，中国不能仿效日本和韩国采用关税和配额等措施限制粮食进口。但是，中国可以借鉴日本的技术壁垒经验，加

---

① 徐晖、马建蕾：《日本大米进口调控政策及对中国的启示》，《世界农业》2015年第1期，第92页。

速技术指标体系的建立，运用技术壁垒限制粮食进口。同时，中国应借鉴日本和韩国控制进口大米流向的经验，控制进口粮食进入居民饭碗的数量，确保中国人的饭碗装中国粮，保护本国粮食安全。

（二）在“后巴厘时代”的农业谈判中争取更多利益

加入世界贸易组织后，中国成为世界上农产品市场最开放的国家之一，这在一定程度上冲击了国内农产品市场，损害了农业生产者的利益。中国已经做出的承诺要遵守，但是在“后巴厘时代”的农业谈判中，中国可以利用自身特点及世界贸易组织《农业协定》的相关原则争取更多利益。《农业协定》明确表示：“注意到非贸易关注，包括粮食安全和保护环境的需要，注意到各方一致同意发展中国家的特殊和差别待遇是谈判的组成部分，同时考虑改革计划的实施可能对最不发达国家和粮食净进口发展中国家产生的消极影响。”①

印度正是利用自身特点和《农业协定》的原则，在巴厘岛谈判过程中，在本国粮食储备和粮食补贴问题上态度强硬，表示不能因为商业利益损害小农生计。印度对维护自身利益的坚持甚至一度使整个谈判无果而终，最后美国带头接受了印度的条件。巴厘岛谈判取得了最终成果。

与印度一样，中国农业也是以小农生计型为主的生产模式。中国可以借鉴印度的成功经验，在“后巴厘时代”的谈判中，利用自身农业生产的特点及《农业协定》原则，维护本国农业生产者利益，维护本国粮食安全。

第三节 政府干预粮食消费

一 政府干预粮食生产消费

（一）不同用途粮食的消费顺序

根据用途，可以将粮食分为口粮、饲料用粮、种子用粮、加工用粮、其他用粮以及不可避免的损耗和浪费。在全部的粮食供给中，应根据不同用途粮食对居民生存和发展的重要性，确定粮食的消费顺序。民以食为天。粮食的基本功能是满足人体的营养需要。因此，粮食的第一消费顺序

---

① 世界贸易组织：《农业协定》。

是口粮。仅有口粮，人体的营养需要不能得到满足。人体还必需蛋白质、脂肪等动物性食物。动物性食物的主要来源是养殖的动物，因此，需要饲料用粮。口粮和饲料用粮分别是直接食用的粮食和间接食用的粮食，共同构成食用粮食。国家的粮食供给首先应满足全体居民的食用需要，剩余部分，可以用于非食用需要。在各种非食用需要中，种子用粮应该首先得到满足。因为只有有种子才可能有粮食。种子用粮得到满足之后，可以将粮食用于加工及其他需要。

（二）政府干预粮食生产消费的数量和结构

根据粮食消费顺序，在每年的粮食供给量中，政府首先要确保食用粮食及种子用粮数量，剩余的粮食数量可以作为加工用粮进行生产消费。对于加工用粮，政府不需要干预每个具体的生产企业，只需要在粮食出库环节控制粮食的去向，确保食用粮食和种子用粮数量得到满足。即在全部粮食供给量中，以食用粮食和种子用粮数量确定加工用粮数量——满足食用和种子数量后剩余的粮食数量就是加工用粮数量。在加工用粮的粮食品种结构上，政府应鼓励使用小麦、稻米之外的粮食；在加工用粮的最终产品结构上，政府应鼓励优先生产居民生活所需的副食，如淀粉、酱油及适量的白酒等。中国政府已经限制使用玉米生产燃料乙醇，还应该严格限制用粮食生产过量的白酒。

政府通过干预粮食生产消费，确保食用粮食数量，促进粮食安全。

二　政府干预粮食生活消费

粮食生活消费本是居民个人的事情，由居民的传统习惯、个人偏好及经济条件等决定。居民的粮食消费习惯一旦形成，很难主动地进行改变。但是政府可以通过开展广泛、深入的宣传活动，引导居民改变消费习惯和消费方式，促进粮食安全。

（一）政府推动马铃薯在居民粮食消费中的主粮化

小麦和稻米是中国居民的主要口粮。中国居民习惯将马铃薯作为副食，但是，就营养成分而言，马铃薯完全可以作为主食。表8－2给出了小麦、稻米和马铃薯的能量和营养成分的数据。

表8－2显示，小麦和稻米的能量远高于马铃薯，三大产能营养素蛋白质、脂肪和碳水化合物的含量也都明显高于马铃薯。但是，在肥胖、高血压、高血脂、糖尿病等富贵病频发的当代社会，马铃薯的低能量、低脂低蛋白反而是一种优势，使马铃薯成为健康食物。马铃薯的维生素含量明

显高于小麦和稻米；马铃薯还含有小麦和稻米都没有的胡萝卜素。此外，马铃薯是典型的高钾低钠食物，钾钠比为126.7∶1，明显高于小麦和稻米。人体通过天然食物摄入钾，可以促进体内钠的排出，软化心脑血管，从而降低血压。

表8-2 小麦、稻米、马铃薯的能量和营养成分（以每100克可食部计）

营养成分（单位）	能量（kJ）	蛋白质（克）	脂肪（克）	碳水化合物（克）	不溶性纤维（克）	灰分（克）	总维生素A（μgRE）	胡萝卜素（μg）
小麦	1416	11.9	1.3	75.2	10.8	1.6	—	—
稻米	1452	7.4	0.8	77.9	0.7	0.6	—	—
马铃薯	323	2.0	0.2	17.2	0.7	0.8	5	30
营养成分（单位）	硫胺素（毫克）	核黄素（毫克）	尼克酸（毫克）	维生素C（毫克）	维生素E（毫克）	钙（毫克）	磷（毫克）	钾（毫克）
小麦	0.40	0.10	4.0	—	1.82	34	325	289
稻米	0.11	0.05	1.9	—	0.46	13	110	103
马铃薯	0.08	0.04	1.1	27	0.34	8	40	342
营养成分（单位）	钠（毫克）	镁（毫克）	铁（毫克）	锌（毫克）	硒（微克）	铜（毫克）	锰（毫克）	
小麦	6.8	4	5.1	2.33	4.05	0.43	3.10	
稻米	3.8	34	2.3	1.70	2.23	0.30	1.29	
马铃薯	2.7	23	0.8	0.37	0.78	0.12	0.14	

资料来源：中国疾病预防控制中心营养与食品安全所编著：《中国食物成分表》，北京大学医学出版社2009年版，第4、6、16、20页。

马铃薯是一种健康食物，但是一般居民对此并不了解，因此居民很难主动地将习惯作为副食的马铃薯作为主食食用，这就需要政府推动。政府通过科普宣传，让居民了解马铃薯的营养成分及其作为健康食物的特性，推动居民将马铃薯作为主粮食用。

（二）政府推动居民口粮消费粗粮化

随着生活水平的提高，居民对口粮要求越来越“精、细、白”，这在造成粮食浪费的同时，也造成大量营养损失。

1. 粮食精加工造成营养损失

（1）小麦精加工造成的营养损失。表8-3对比了小麦标准粉和精加工的特一粉的能量和营养成分，以及特一粉与标准粉相比能量和营养成分的变化率。数据显示，小麦经过精加工后，能量有所提高，但变化率很低，只有0.62%。在19项营养成分中，仅有2项提高，分别是碳水化合物提高2.17%，硒提高28.36%。铜的含量不变，其余16项营养成分均明显降低。作为粮食重要营养成分的不溶性纤维[①]下降比率达71.43%。数据证明，小麦精加工造成大量的营养损失。

表8－3　不同等级小麦粉能量和营养成分及特一粉比标准粉的变化率（以每100克可食部计）

营养成分（单位）	能量（kJ）	蛋白质（克）	脂肪（克）	碳水化合物（克）	不溶性纤维（克）	灰分（克）	硫胺素（毫克）
标准粉	1458	11.2	1.5	73.6	2.1	1.0	0.28
特一粉	1467	10.3	1.1	75.2	0.6	0.7	0.17
变化率（%）	0.62	－8.04	－26.67	2.17	－71.43	－30.00	－39.29
营养成分（单位）	核黄素（毫克）	尼克酸（毫克）	维生素E（毫克）	钙（毫克）	磷（毫克）	钾（毫克）	钠（毫克）
标准粉	0.08	2.0	1.80	31	188	190	3.1
特一粉	0.06	2.0	0.73	27	114	128	2.7
变化率（%）	－25.00	0.00	－59.44	－12.90	－39.36	－32.63	－12.90
营养成分（单位）	镁（毫克）	铁（毫克）	锌（毫克）	硒（微克）	铜（毫克）	锰（毫克）	
标准粉	50	3.5	1.64	5.36	0.42	1.56	
特一粉	32	2.7	0.97	6.88	0.26	0.77	
变化率（%）	－36.00	－22.86	－40.85	28.36	－38.10	－50.64	

资料来源：中国疾病预防控制中心营养与食品安全所编著：《中国食物成分表》，北京大学医学出版社2009年版，第4、6、16、20页。

（2）稻米精加工造成的营养损失。中国的稻米种类比较多，如粳米、籼米、糯米等。这里仅以粳米为例分析精加工造成的营养损失。表8－4对比了最普通的标四粳米和精加工的特等粳米的能量和营养成分，以及特

① 不溶性纤维是膳食纤维的一种。这种纤维不溶于液体，与可溶性纤维相反。不溶性纤维可以促进胃肠蠕动，保持消化道清洁，清除肠道垃圾。

等粳米和标四粳米相比能量和营养成分的变化率。数据显示，粳米经过精加工后，能力有所下降。在19项营养成分中，除铜含量没有变化外，仅有5项营养成分提高，其余12项营养成分均降低。数据证明，稻米精加工造成大量的营养损失。

表8-4　不同等级粳米能量和营养成分及特等比标四的变化率（以每100克可食部计）

营养成分（单位）	能量（kJ）	蛋白质（克）	脂肪（克）	碳水化合物（克）	不溶性纤维（克）	灰分（克）	硫胺素（毫克）
标四	1453	7.5	0.7	78.1	0.7	0.6	0.14
特等	1401	7.3	0.4	75.7	0.4	0.4	0.08
变化率（%）	-3.58	-2.67	-42.86	-3.07	-42.86	-33.33	-42.86
营养成分（单位）	核黄素（毫克）	尼克酸（毫克）	维生素E（毫克）	钙（毫克）	磷（毫克）	钾（毫克）	钠（毫克）
标四	0.05	5.2	0.39	4	123	106	1.6
特等	0.04	1.1	0.76	24	80	58	6.2
变化率（%）	-20.00	-78.85	94.87	500.00	-34.96	-45.28	287.50
营养成分（单位）	镁（毫克）	铁（毫克）	锌（毫克）	硒（微克）	铜（毫克）	锰（毫克）	
标四	20	0.7	0.97	4.87	0.26	1.07	
特等	25	0.9	1.07	2.49	0.26	1.00	
变化率（%）	25.00	28.57	10.31	-48.87	0.00	-6.54	

资料来源：中国疾病预防控制中心营养与食品安全所编著：《中国食物成分表》，北京大学医学出版社2009年版，第4、6、16、20页。

2. 政府通过科普宣传推动居民口粮消费“粗粮化”

如同居民不了解马铃薯的营养成分一样，一般居民也不了解粮食精加工造成的营养损失问题。因此，需要政府通过科普宣传等手段，普及粮食营养及健康常识，促使居民少消费精加工粮食。这既减少了粮食加工过程中的损耗和浪费，也保全了粮食中的营养。同时，政府应提倡居民食用各种杂粮。食用杂粮既可以极大地丰富居民从粮食中获取的营养，也可以促进农民因地制宜地种植杂粮，充分利用各种资源。这既可以提高资源配置效率，又可以减轻种植小麦和稻米的压力。

（三）政府倡导节约消费粮食

联合国粮农组织最新数据显示，2014—2016 年，中国仍有约 1.34 亿饥饿人口。按照本书确定的能够满足居民营养需要的人均 313 公斤粮食计算，中国饥饿人口共需要约 420 亿公斤粮食。从数量上看，如果全社会杜绝了从产后到餐前损耗和浪费掉的 350 亿公斤粮食，再杜绝餐桌上浪费的价值 2000 亿元的食物，完全可以满足全部饥饿人口的需要。

从国际和国内粮食浪费的数据看，浪费粮食已经成为社会的一种常态、一种习惯。要改变这种状况，仅靠居民自发的、分散的行动远远不够。政府应以社会事务管理者身份，自上而下地组织开展节约粮食活动。2013 年由民间发起的“光盘行动”因得到了政府的支持，开展效果很好。政府应继续通过主流媒体，以饥饿人口生活纪录片、公益广告、娱乐节目等形式，向社会展示饥饿人口生活状况，揭示浪费造成的损失，倡导节约消费粮食，树立节约理念，培养居民形成节约习惯。

三　政府通过完善社会保障制度干预粮食消费者结构

健全的粮食消费者结构应该包括全体居民，全体居民都有权利、有能力消费所需的粮食。但是，中国当前的粮食消费者结构不健全，残缺的部分就是饥饿人口。饥饿人口没有得到所需要的粮食。对于绝大部分饥饿人口而言，这种状况不是他们自身能够改变的，更不是市场能够改变的——如果市场能够改变，他们最初就不会成为饥饿人口。在个人没有能力改变，市场又失灵的时候，只有政府干预。政府通过完善社会保障制度，为饥饿人口提供社会保险或社会救助，使他们获得购买粮食的钱或者直接获得粮食救助，由此摆脱饥饿。中国的饥饿人口主要集中在贫困的农村，因此，政府通过完善社会保障制度干预粮食消费者结构工作的重点也应放在农村。

（一）完善农村社会保险制度

完善农村社会保险制度主要是完善农村的养老保险和医疗保险制度。工作重点是提高保险参与率及确保保险金的及时、足额发放。通过开展深入的宣传和动员等工作，促使符合条件的农民都参与社会保险，从而使农民在年老失去劳动能力或遭受疾病时，能够得到保险金，满足基本生活需要。国家通过完善相关法律及监管措施，确保参保人能够及时、足额获得保险金。这一方面可以使参保人得到保障，另一方面也会促使更多的人参与社会保险。完善农村社会保险制度是实现贫困和饥饿人口不增加的有效手段。

（二）完善农村社会救助制度

对于消除饥饿、实现粮食安全而言，完善农村社会保障制度的重点在于完善农村社会救助制度。因为社会救助的对象是生存受到威胁的人，饥饿人口正是救助的对象。现行农村最低生活保障制度没有实现对饥饿人口的最低生活保障——如果实现了就没有饥饿人口了，其中一个重要原因是，现行最低生活保障制度贯彻地方政府责任自负、资金自理的原则，但是对于贫困地区的政府，因其财力有限、饥饿人口多，没有能力自负责任、自理资金，所以，贫困地区的最低生活保障制度没有实现对饥饿人口的保障，没有消除饥饿问题。

完善农民社会救助制度，需要解决救助资金问题。既然地方政府无力解决，那么，中央政府必须补位解决。对于饥饿人口，最有效的救助方式是实物救助——直接发放粮食给饥饿人口。美国就是采取这种救助措施。如前所述，美国政府在 2014—2018 财年，每年将拿出约 800 亿美元用于对 4700 万低收入者提供食品救助。粮食和资金由中央政府解决。粮食可以从中储粮遍布全国的中心库和代储库发放。相应的资金可以由中央执行八项规定以来节省的经费、反腐败的罚没收入支付，不足部分由中央预算支付。救助粮食的运输、送达等具体环节可以由饥饿人口所在的地方政府负责。

生存是人的基本权利，中央政府有责任保障居民的生存权。中央政府必须承担救助饥饿人口的责任。中央政府也有能力承担起这一责任。随着经济社会的发展以及中央政府责任到位，饥饿将被消除。粮食安全终结实现。

本章小结

粮食及粮食问题的政治性质决定，政府必须干预粮食经济活动以保障粮食安全。在现代市场经济条件下，政府对粮食生产的干预主要是提供制度保障、科技支撑和结构调整。在结构调整方面，由政府主导推动马铃薯主粮化。马铃薯主粮化是在当前资源约束条件下增加粮食供给量的有效途径。在粮食流通环节，政府逐步消除对粮食价格的扭曲，建立由供求决定的粮食价格形成机制。政府逐步完善粮食储备制度，减少粮食流通过程中的损失。政府应积极干预国际贸易，以实现对本国粮食市场和粮食生产的保护。在粮食消费环节，政府应干预粮食消费顺序，在保障粮食满足食用需要的前提下，进行粮食生产性消费。政府通过推广和普及膳食营养知识，鼓励居民以马铃薯作为主食进行消费，同时鼓励居民口粮消费粗粮化。这种消费习惯和方式的形成既可以提高居民的营养水平，促进身体健康，又可以扩大口粮的来源结构和数量，将有效地促进粮食安全水平的提高。在消费环节，政府还应完善社会保障制度，使贫困人口切实得到所需的粮食，消除饥饿。

第九章　研究结论与展望

第一节　研究的主要结论

一　年人均313公斤食用粮食是中国粮食安全的数量标准

能够满足人体营养需要的粮食数量是安全的粮食数量。根据中国居民膳食营养素推荐摄入量，年人均口粮190.05公斤、年人均饲料用粮122.82公斤，合计313公斤（折算成原粮约为349公斤），能够满足中国居民营养需要。因此，年人均食用粮食313公斤是中国粮食安全的数量标准。

二　粮食供给在数量上足够但没有实现粮食安全

中国自身的粮食产量足以满足居民食用需要，但非食用粮食需要会挤出食用粮食需要，造成粮食不安全。为了满足国内食用和非食用粮食需要，中国通过净进口增加国内粮食供给。净进口后，中国粮食供给在数量上是足够的、是安全的，但部分居民没有获取所需的粮食。所以，中国没有实现粮食安全。并且，净进口的增加威胁了中国粮食供给的结构安全。

三　食物不安全但问题不严重

联合国粮农组织的“food security”概念更准确的翻译是“食物安全”。本书对中国食物安全状况进行了分析和评价。中国食物不安全但问题不严重。通过对4个有代表性国家的比较分析，认为影响中国食物安全的主要因素是食物自给率和基尼系数。

四　中国2016—2030年粮食安全的基础不会改变

运用BP神经网络模型和Logistic阻滞增长模型对2016—2030年中国人均粮食产量进行预测，结果表明，未来人均粮食产量仍明显高于安全的食用粮食需要量。运用BP神经网络模型预测未来世界人均粮食产量，运用二次指数平滑法预测未来世界粮食价格，认为，在假设世界不发生重大自然灾害和重大政治变动的情况下，中国2016—2030年粮食进口形势是稳定的，中国仍可以通过进口部分粮食来增加国内供给。综合中国人均粮食产量和世界人均粮食产量及粮食价格的预测结果，认为在未来15年内，中国的粮食供给状况比较稳定，粮食安全的基础不会改变。

五　粮食生产、流通、消费方面都存在影响粮食安全的因素

在粮食生产方面，自给率不足100%是影响粮食安全的基本因素。在资源和技术一定的条件下，政策是影响粮食生产的重要因素。

在粮食流通方面，粮食价格形成机制、粮食损耗和浪费及不公平的国际贸易规则都是影响粮食安全的因素。

在粮食消费方面，加工用粮需要减少了食用粮食数量，影响粮食安全。收入分配差距大并且社会保障制度不健全，使贫困人口不能够“在物质、社会和经济上获取足够、安全和富有营养的食物”。粮食消费过程中的浪费减少了粮食的最终供给量，影响粮食安全。

六　安全的粮食自给率底线是能够实现食用粮食100%自给的粮食自给率

中国应在维护食物和国家主权的基础上选择粮食供给模式及结构。由于自身粮食产量不足，中国应该并且事实上选择了本国生产加净进口的粮食供给模式。粮食及粮食问题的政治性质决定了中国不能仅以经济效用最大化为原则选择粮食供给来源结构，而是应该在确保食物主权和国家主权的前提下，运用效用最大化理论选择粮食供给来源结构。能够实现效用最大化的粮食供给来源结构是经济上最优的粮食供给来源结构，此时的粮食自给率是经济的粮食自给率底线。将政治因素考虑在内，中国安全的粮食自给率底线是能够实现食用粮食100%自给的粮食自给率。

七　粮食及粮食问题的政治性质决定政府必须干预粮食经济活动以促进实现粮食安全

粮食经济活动包括生产、流通和消费三大环节。政府应从制度保障、科技支撑、结构调整、贸易保护、科普宣传等方面积极干预粮食生产、流通和消费活动，以促进实现粮食安全。

八　中国当前粮食数量安全但“获取”不安全，并且数量安全不可持续

自身产量加净进口使中国粮食供给在数量上是安全的，但对于粮食的“获取”不安全。一方面，中国从国际市场“获取”粮食较多，威胁了中

国的粮食主权和安全；另一方面，中国部分贫困人口不能“获取”所需的粮食，没有实现粮食安全。中国粮食连年增产是以巨大的财政负担和资源环境破坏为代价的，这种状况不可持续。

第二节　未来研究展望

粮食安全事关国民生存及国家主权和安全，对粮食安全问题的研究没有止境。未来重点应该在三个方面开展更加深入、细致的研究。

一　深入研究粮食安全的制度保障

粮食安全需要政府提供制度保障。未来应该对粮食目标价格制度、粮食储备制度、粮食直接补贴制度等直接干预粮食生产和流通的制度设计、执行及效果等问题进行深入研究，通过研究发现问题，进而对制度本身进行及时调整，以为促进粮食安全提供切实的制度保障。还应该对针对贫困人口的社会保障制度进行专门的研究，以便采取切实措施，消除贫困人口的饥饿问题，实现粮食安全。

二　深入研究如何利用国际贸易规则保障本国粮食安全

中国的粮食市场已经开放，粮食国际贸易对中国粮食供给及价格都产生了较大影响。为了保护本国粮食市场和粮食安全，应深入研究如何合理利用已定的国际贸易规则保护中国利益，以及在“后巴厘时代”谈判中争取有利于中国的条款。

三　开展对中国食物安全的研究

对中国粮食安全问题的研究已得到充分重视并已取得丰硕成果。所谓“民以食为天”及“food security”的“食”和“food”并非仅指“粮食”，而是包括粮食等植物性食物和各种动物性食物在内的全部食物。因此，有必要对中国食物安全问题开展全面、深入的研究。通过研究，获得对中国食物安全状况的准确判断，进而预先采取措施促进和维护中国食物安全。

参考文献

[1] 曹宝明、王金秋、李光泗、尚卫平:《粮食供求紧平衡的一般分析及其测度指标体系的构建》,《南京财经大学学报》2007年第5期。

[2] 曹若霈:《美国科技金融支持农业发展的经验借鉴》,《世界农业》2014年第1期。

[3] 陈辉、黄亚勤:《中国农业与美国农业的对比研究》,《经济研究导刊》2013年第19期。

[4] 程国强:《中国农业补贴:制度设计与政策选择》,中国发展出版社2011年版。

[5] 程国强:《中国粮食调控:目标、机制与政策》,中国发展出版社2012年版。

[6] 程国强:《全球农业战略:基于全球视野的中国粮食安全框架》,中国发展出版社2013年版。

[7] 程国强:《重塑边界:中国粮食安全新战略》,经济科学出版社2013年版。

[8] 程国强:《全球农业战略:构建和实施》,《中国经济报告》2013年第10期。

[9] 程国强:《实施全球农业战略要坚持两个底线》,《农经》2013年第11期。

[10] 程国强:《现有粮食政策扭曲粮价形成机制》,http://news.hexun.com/2013-11-30/160177901.html,2015年8月10日。

[11] 程国强:《如何更好地利用境外农业资源》,《农经》2014年第5期。

[12] 程国强:《日本海外农业战略的经验与启示》,《农经》2014年第6期。

[13] 程国强:《中国粮食安全的真问题》,财新网,http://opinion.

caixin. com/2015 - 02 - 05/100781776. html，2015 年 10 月 18 日。
[14] 程国强：《中国需要新粮食安全观》，财新网，http：//opinion. caixin. com/2015 - 06 - 03/100815828. html，2015 年 10 月 18 日。
[15] 联合国粮农组织：《世界粮食首脑会议行动计划》，《世界农业》1997 年第 2 期。
[16] 陈东林：《从灾害经济学角度对“三年自然灾害”时期的考察》，《当代中国史研究》2004 年第 11 卷第 1 期。
[17] 陈玲玲、林振山、郭杰、原艳梅：《基于 EMD 的中国粮食安全保障研究》，《中国农业科学》2009 年第 42 期。
[18] 董晓萍：《粮食民俗与粮食主权》，《浙江大学学报》（人文社会科学版）2006 年第 1 期。
[19] 杜为公、李艳芳、徐李：《我国粮食安全测度方法设计——基于联合国粮农组织对粮食安全的定义》，《武汉轻工大学学报》2014 年第 33 卷第 2 期。
[20] 范晓：《我国价格预测方法文献研究》，《开发研究》2014 年第 5 期。
[21] 封志明、陈百明、王立新：《现实与未来：中国的人口与粮食问题》，《科技导报》1991 年第 4 期。
[22] 封志明、赵霞、杨艳昭：《近 50 年全球粮食贸易的时空格局与地域差异》，《资源科学》2010 年第 1 期。
[23] 冯华：《我国力推马铃薯主粮化战略》，《人民日报》2015 年 1 月 7 日第 2 版。
[24] 国家发展和改革委员会价格司：《全国农产品成本收益资料汇编》，中国统计出版社 2004—2012 年版。
[25] 国家卫生和计划生育委员会、财政部：《关于做好 2015 年新型农村合作医疗工作的通知》，中国政府网，2015 年 9 月 15 日。
[26] 国家粮食局：《粮食收储供应安全保障工程建设规划（2015—2020 年）》，国家粮食局门户网站，2015 年 10 月 17 日。
[27] 国务院：《城市居民最低生活保障条例》，中国政府网，2015 年 9 月 15 日。
[28] 国务院：《关于建立统一的城乡居民基本养老保险制度的意见》，中国政府网，2015 年 9 月 15 日。

[29] 国务院:《关于开展新型农村社会养老保险试点的指导意见》，中国政府网，2015 年 9 月 15 日。
[30] 国务院:《关于在全国建立农村最低生活保障制度的通知》，中国政府网，2015 年 9 月 15 日。
[31] 国务院:《国家粮食安全中长期规划纲要（2008—2020 年）》，中国政府网，2015 年 1 月 7 日。
[32] 国务院:《农村五保供养工作条例》，中国政府网，2015 年 9 月 15 日。
[33] 民政部:《县级农村社会养老保险基本方案》，中国政府网，2015 年 9 月 15 日。
[34] 顾秀林:《现代世界体系与中国“三农”困境》，《中国农村经济》2010 年第 11 期。
[35] 何安华、陈洁:《韩国保障粮食供给的战略及政策措施》，《世界农业》2014 年第 11 期。
[36] 胡靖:《中国两种粮食安全政策的比较与权衡》，《中国农村经济》1998 年第 1 期。
[37] 胡靖:《自产底线与有限 WTO 区域——中国粮食安全模式选择》，《经济科学》2000 年第 6 期。
[38] 胡靖:《多哈回合的农业框架协议可能导致全球农产品供给短缺》，《国际贸易问题》2005 年第 10 期。
[39] 胡小平、郭晓慧:《2020 年中国粮食需求结构分析及预测——基于营养标准的视角》，《中国农村经济》2010 年第 6 期。
[40] 胡莹:《粮食主权：保障粮食安全的新思路》，《社科纵横》2014 年第 5 期。
[41] 贾步云:《对我国粮食安全问题的思考》，《中国经济时报》2014 年 4 月 2 日第 A11 版。
[42] 江虹:《WTO〈农业协定〉对发展中国家粮食安全的影响》，《江西社会科学》2011 年第 9 期。
[43] 江虹:《粮食主权——全球高粮价危机的应对之策》，《云南农业大学学报》2012 年第 6 期。
[44] 李志强、吴建寨、王东杰:《我国粮食消费变化特征及未来需求预测》，《中国食物与营养》2012 年第 18 期。

[45] 李周、任常青:《节约粮食不能忽视产后管理》,《光明日报》2013年2月21日第14版。

[46] 刘慧:《粮食精加工浪费严重我国每年损失150亿斤以上》,《经济日报》2014年6月6日第8版。

[47] 刘景辉、李立军、王志敏:《中国粮食安全指标的探讨》,《中国农业科技导报》2004年第6卷第4期。

[48] 刘纪远等:《20世纪90年代中国土地利用变化时空特征及其成因分析》,《地理研究》2003年第22卷第1期。

[49] 刘洋:《世界马铃薯消费特点与趋势》,《中国农业信息》2015年第6期。

[50] 卢锋:《粮食禁运风险与粮食贸易政策调整》,《中国社会科学》1998年第2期。

[51] 骆建忠:《基于营养目标的粮食消费需求研究》,博士学位论文,中国农业科学院,2008年。

[52] [澳] Michael Negnevitsky:《人工智能系统服务指南》,顾力栩、沈晋惠等译,机械工业出版社2007年版。

[53] 农业部农业贸易促进中心:《粮食安全与农产品贸易》,中国农业出版社2014年版。

[54] 任正晓:《在全国粮食流通工作会议上的报告》,国家粮食局门户网站,2015年10月17日。

[55]《"十二五"农户科学储粮专项建设规划》,国家粮食局门户网站,2015年10月17日。

[56] 唐华俊、李哲敏:《基于中国居民平衡膳食模式的人均粮食需求量研究》,《中国农业科学》2012年第45期。

[57] [美] 约翰·马德莱:《贸易与粮食安全》,熊瑜好译,商务印书馆2005年版。

[58] 门可佩、陈娇:《中国粮食产量的无偏灰色GM(1,1)模型与预测》,《安徽农业科学》2009年第37期。

[59] 任正晓:《解决好吃饭问题始终是治国理政的头等大事》,《求是》2015年第9期。

[60] 沈巍、宋玉坤:《人口预测方法的现状、问题与改进对策》,《统计与决策》2015年第12期。

[61] 石如东：《粮食：美国对外政策的战略武器》，《当代思潮》1995 年第 2 期。

[62] 司守奎、孙玺菁：《数学建模算法与应用》，国防工业出版社 2011 年版。

[63] 孙超、孟军：《中国粮食价格的影响因素分析与预测比较——基于支持向量机的实证研究》，《农业经济》2011 年第 1 期。

[64] 孙东升、吕春生：《加入 WTO 对我国粮食安全的影响与对策》，《农业经济问题》2001 年第 4 期。

[65]《全国农村尚有 7017 万贫困人口》，《春城晚报》2015 年 6 月 23 日第 A13 版。

[66] 唐仁健：《1 号文件突出亮点是提出让农业资源休养生息》，2014 年 1 月 22 日国务院新闻办公室发布会，http：//politics. people. com. cn/n/2014/0122/c70731 - 24195095. html，2015 年 8 月 10 日。

[67] 田景文、高美娟：《人工神经网络算法研究及应用》，北京理工大学出版社 2006 年版。

[68] 王传丽等：《WTO 农业协定与农产品贸易规则》，北京大学出版社 2009 年版。

[69] 王聪颖：《美国农业补贴政策的历史演变》，《期货日报》2015 年 8 月 30 日。

[70] 王琦、田志宏：《农产品关税政策与实施——基于美国、欧盟、印度和日本的案例分析》，《经济研究参考》2013 年第 19 期。

[71] 王文涛、张秋龙：《美国农产品目标价格补贴政策及其对我国的借鉴》，《价格理论与实践》2015 年第 1 期。

[72] 卫生部、财政部、农业部：《关于建立新型农村合作医疗制度的意见》，2003 年。

[73] “我国新型农业经营体系研究”课题组：《农业共营制：我国农业经营体系的新突破》，《红旗文稿》2015 年第 9 期。

[74] 吴乐：《中国粮食需求中长期趋势研究》，博士学位论文，华中农业大学，2011 年。

[75] 肖国安、王文涛：《粮食供求紧平衡模型及其指数测算研究》，《湘潭大学学报》（哲学社会科学版）2011 年第 3 卷第 2 期。

[76] 徐晖、马建蕾：《日本大米进口调控政策及对中国的启示》，《世界

农业》2015 年第 1 期。

[77] 徐远：《粮食高度自给的代价》，http：//www. thepaper. cn/www/re-source/jsp/newsDe - tail_ forward_ 1273525，2015 年 8 月 30 日。

[78] 严海蓉：《小农挑战全球资本主义——评“粮食主权人民论坛”》，载清华大学公共管理学院 NGO 研究所《中国非营利评论》，社会科学文献出版社 2010 年版。

[79] 严海蓉、胡靖、陈义媛、陈航英：《在香港观察中国的粮食安全》，《21 世纪》2014 年第 6 期。

[80] 杨克磊、张振宇、和美：《应用灰色 GM（1，1）模型的粮食产量预测研究》，《重庆理工大学学报》（自然科学版）2015 年第 29 期。

[81]《依靠进口满足中国粮食需求不靠谱》，http：//www. chinagrain. cn/liangyou/2015/8/14/201581414301473033. shtml，2015 年 9 月 1 日。

[82] 尹成林、吴龙剑：《粮食节约减损要建立长效机制》，《中国粮食经济》2014 年第 1 期。

[83]《运输环节：别让粮食浪费在路上》，齐鲁网，2015 年 8 月 27 日。

[84] 詹琳、蒋和平：《粮食目标价格制度改革的困局与突破》，《农业经济问题》2015 年第 2 期。

[85] 张晓京：《WTO〈农业协议〉下的粮食安全——基于发达与发展中国家博弈的思考》，《华中农业大学学报》（社会科学版）2012 年第 2 期。

[86] 张燕林：《中国未来粮食安全研究——基于虚拟耕地进口视角》，博士学位论文，西南财经大学，2010 年。

[87] 张玉梅、李志强、李哲敏、许世卫：《基于 CEMM 模型的中国粮食及其主要品种的需求预测》，《中国食物与营养》2012 年第 18 期。

[88] 赵放、陈阵：《粮食主权与 WTO 农业贸易体制的重新审视》，《中州学刊》2009 年第 4 期。

[89]《中国每年粮食产后损失浪费达 700 亿斤》，中国新闻网，2014 年 10 月 9 日，http：//www. chinanews. com/gn/2014/10 - 09/6658998. sht-ml，2015 年 8 月 27 日。

[90] 中共中央、国务院：《关于进一步加强农村卫生工作的决定》，2002 年。

[91] 中共中央、国务院：《关于深化医药卫生体制改革的意见》，2009 年。

[92]《中国百万富翁人数2015年有多少？上千万人了！》http：//www.mrmodern.com/life/5188.html，2015年8月20日。

[93] 中国疾病预防控制中心营养与食品安全所编著：《中国食物成分表》，北京大学医学出版社2009年版。

[94]《中国粮食仓储现状分析与展望》，http：//club.1688.com/article/59362636.html，2015年8月27日。

[95] 国家审计署：《2015年第18号公告：中国储备粮管理总公司2013年度财务收支审计结果》，国家审计署官网，2015年10月18日。

[96] 中国农业科学院：《人均400公斤粮食必不可少》，《中国农业科学》1986年第5期。

[97]《中国千万富豪人数达到112万平均年龄43岁》，http：//news.ifeng.com/a/20150718/44195932_0.shtml，2015年8月18日。

[98] 中国营养学会编著：《中国居民膳食营养素参考摄入量》，中国轻工业出版社2012年版。

[99] 周立：《粮食主权、粮食政治与人类可持续发展》，《世界环境》2008年第4期。

[100] 周晓俊、吴敏中：《美日怎么储存粮食》，http：//www.people.com.cn/GB/paper68/10743/976446.html，2015年8月27日。

[101] Ashley Chaifetz, PamelaJagger, 40 Years of dialogue on food sovereignty: A review and a look ahead. Global Food Security, 2014 (3): 85 - 91.

[102] Bangalore Declaration of The Via Campesina (2000 - 10 - 06), http://viacampesina.org/en/index.php/our - conferences - mainmenu - 28/3 - bangalore - 2000 - mainmenu - 55/420 - bangalore - declaration - of - the - via - campesina, 2014 - 07 - 19.

[103] C. Laroche Dupraz, A. Postolle, Food sovereignty and agricultural trade policy commitments: How much leeway do West African nations have?, *Food Policy*, 2013 (38): 115 - 125.

[104] Data The World Bank, http://data.worldbank.org/.

[105] Declaration of Nyélénl (2007 - 02 - 27), http://viacampesina.org/en/index.php/main - issues - mainmenu - 27/food - sovereignty - and - trade - mainmenu - 38/262 - declaration - of - nyi, 2014 - 07 - 19.

[106] Derek Headey, Rethinking the global food crisis: The role of trade

shocks. *Food Policy*, 2011 (36): 136 - 146.

[107] FAO ed. , *The state of food insecurity in the world* 2001, Rome, Italy: Viale delle Terme di Caracalla, 2001.

[108] FAO ed. , The multiple dimensions of food security. http: //www. fao. org/ publications/sofi/2013/en/, 2015 - 01 - 18.

[109] FAO ed. , The state of food insecurity in the world 2014. http: //www. fao. org/publications/sofi/2014/en/? utm_ source = faohomepage&utm_ medium = web&utm_ campaign = indepth, 2015 - 01 - 18.

[110] FAO ed. , *The State of Food Insecurity in the World* 2014, http: //www. fao. org/ publications/ sofi/2014/en/? utm_ source = faohomepage&utm_ medium = web&utm_ campaign = indepth, 2015 - 01 - 18.

[111] FAO ed. , *The State of Food Insecurity in the World* 2015, http: // www. fao. org/3/a4ef2d16 - 70a7 - 460a - a9ac - 2a65a533269a/ i4646e. pdf, 2015 - 10 - 12.

[112] FAOSTAT, http: //faostat3. fao. org/download/Q/ * /E.

[113] Frank Asche, Marc F. Bellemare, Cathy Rohem, Martin D. Smith, SIGBJØRN TVETERAS. Fair Enough? Food Security and the International Trade of Seafood. *World Development*, 2015, 1 (67): 151 - 160.

[114] IAASTD, *International Assessment of Agricultural Knowledge, Science and Technology for Development: Global Summary for Decision Makers* (*IAASTD*). Washington: Island Press, 2009.

[115] Jamey Essex, Idle Hands Are The Devil's Tools: The Geopolitics and Geoeconomics of Hunger. *Annals of the Association of American Geographers*, 2012, 102 (1): 191 - 207.

[116] Kym Anderson, Anna Strutt, Food security policy options for China: Lessons from other countries. *Food Policy*, 2014 (49): 50 - 58.

[117] SWIID , http: //myweb. uiowa. edu/fsolt/swiid/swiid. html.

[118] Shenggen Fan, Joanna Brzeska, Feeding More People on an Increasingly Fragile Planet: China's Food and Nutrition Security in a National and Global Context. *Journal of Integrative Agriculture*, 2014, 13 (6): 1193 - 1205.

[119] Tetsuji Tanaka, Nobuhiro Hosoe, Does agricultural trade liberalization

increase risks of supply – side uncertainty?: Effects of productivity shocks and export restrictions on welfare and food supply in Japan. *Food Policy*, 2011 (36) 368 –377.

[120] Tlaxcala Declaration of The Víacamoesina (2007 –09 –20), http: //via-campesina. org/en/index. php/our – conferences – mainmenu –28/2 – tlax-cala –1996 – mainmenu –48/425 – ii – international – conference – of – the – via – campesina – tlaxcala – mexico – april –18 –21, 2014 –7 –19.

[121] Via Campesina, Declaration of Nyéléni (2007 –02 –27), http: //vi-acampesina. org/en/index. php/main – issues – mainmenu –27/food – sovereignty – and – trade – mainmenu –38/262 – declaration – of – nyi, 2014 –07 –19.

[122] Via Campesina, Declaration of Nyélénl (2007 –02 –27), http: //vi-acampesina. org/en/index. php/main – issues – mainmenu –27/food – sovereignty – and – trade – mainmenu –38/262 – declaration – of – nyi, 2014 –07 –19.

后　记

这部著作是在我主持的教育部人文社会科学研究规划基金项目的资助下完成的。

在2006年6月我获得经济学博士学位后的几年时间里，由于种种原因，我没有开展独立、系统的研究工作。2012年9月，我的孩子们（龙凤胎）到外地读书，我有了属于自己的时间，可以思考、研究问题了。我爱人建议我关注粮食安全问题。我接受他的建议，初步查阅了联合国粮农组织的数据，发现中国的粮食不安全状况令人吃惊。因此，我决定就粮食安全问题开展深入的研究。在研读相关成果的过程中，我发现一个问题：许多学者都在研究粮食安全，那么，对我国来说，多少粮食是安全的呢？即粮食安全的数量标准是什么？对此，有几位学者进行了研究，但我认为，研究结果仍有不足。于是，我开始探讨粮食安全的数量标准问题。

我认为，粮食最基本的功能是满足人体营养需要，能够满足我国人民人体营养需要的粮食数量就是我国安全的粮食数量。我依据中国营养学会制定的“中国居民膳食营养素推荐摄入量”和中国疾病预防控制中心营养与食品安全所编制的“中国食物成分表”，尝试建立中国粮食安全的数量标准，开展“基于中国居民膳食营养素推荐摄入量的粮食安全问题研究”，并以此为题申报了2013年度教育部人文社会科学研究规划基金项目，并幸运地获得了立项。

在接下来的三年时间里，我便开始了相关的研究及著作的写作。三年时间里，我虽不至于呕心沥血，却也须臾不敢懈怠；著作虽然谈不上句句灼见，却也字字用心。在写作过程中，我严守学术规范，凡引用者，皆注明出处。感谢相关作者的研究成果为我铺就了进步的阶梯。

感谢我所在的鲁东大学及商学院给我的资助和为我的研究工作提供的便利；感谢我的学生公丽君、王学稹在数据处理和程序运行方面给予我的帮助；感谢中国社会科学出版社经济与管理出版中心卢小生主任在著作出版过程中给予我的帮助！

我要特别感谢我爱人在选题及写作过程中给予我的富有学术价值的意见和建议；感谢我母亲帮我照顾孩子们；感谢我的儿女对我的理解和支持！

学海无涯，我只取到了一瓢，我会继续求索……

梁姝娜

2015 年 10 月 2 日